Md. Tanvir Kamal
Md. Abul Hashen
Nathu Ram Sarker

Efeito do adubo orgânico na produção de capim-napier

Md. Tanvir Kamal
Md. Abul Hashen
Nathu Ram Sarker

Efeito do adubo orgânico na produção de capim-napier

Utilização de estrume orgânico na produção de forragens

ScienciaScripts

Imprint

Any brand names and product names mentioned in this book are subject to trademark, brand or patent protection and are trademarks or registered trademarks of their respective holders. The use of brand names, product names, common names, trade names, product descriptions etc. even without a particular marking in this work is in no way to be construed to mean that such names may be regarded as unrestricted in respect of trademark and brand protection legislation and could thus be used by anyone.

Cover image: www.ingimage.com

This book is a translation from the original published under ISBN 978-3-659-63913-5.

Publisher:
Sciencia Scripts
is a trademark of
Dodo Books Indian Ocean Ltd. and OmniScriptum S.R.L publishing group

120 High Road, East Finchley, London, N2 9ED, United Kingdom
Str. Armeneasca 28/1, office 1, Chisinau MD-2012, Republic of Moldova, Europe
Printed at: see last page
ISBN: 978-620-7-73073-5

EFEITO DE DIFERENTES TIPOS DE ADUBO ORGÂNICO NO DESEMPENHO PRODUTIVO E NO VALOR NUTRITIVO DE DIFERENTES CULTIVARES DE NAPIER

RESUMO

Um experimento foi realizado na Estação de Pesquisa Pachutia em BLRI para avaliar os efeitos de diferentes tipos de adubo orgânico no desempenho da produção e no valor nutritivo de cinco cultivares Napier (Napier Hybrid, Napier Vietnam, MerkEron, Wruk-wona e Bajra). O experimento foi estabelecido em 27 de maio de 2014 em uma área de terra de 100m x 100m em um experimento fatorial 5x5 em Completely Randomized Design (CRD) consistindo em cinco tipos diferentes de estrume (Bioslurry, Layer dropping, Broiler dropping, Goat dropping e Control fertilizer) e cinco variedades de Napier (Napier Hybrid, Napier Vietnam, MerkEron, Wruk-wona e Bajra) tendo um total de 25 tratamentos combinados com 4 replicações. A forragem verde de cada parcela foi colhida manualmente após 60 dias (1st corte) do transplante, aproximadamente 5-6 cm acima do solo. Os resultados mostraram uma diferença significativa (p<0,05) entre os tipos de estrume no que respeita à produção de biomassa, altura da planta, número de colinas, peso do caule, peso da bainha, peso da folha, MS e PC. As gramíneas plantadas em parcelas tratadas com estrume de poedeiras tiveram os valores significativos mais elevados (p<0,05) para a produção de biomassa (258,67 MT/ha). O Híbrido de Napier teve os maiores valores significativos (p<0.05) para a produção média de biomassa (221.27 MT/ha), altura da planta (226.52cm), no. de colina (105.29), no. de perfilho/hill (14.65). Quando se utilizou o fertilizante de controlo, a altura da planta (215,76 cm), o número de colinas (104,34), o peso das folhas (332,40 g/kg), a MS (15,10%) tiveram os valores significativos mais elevados (p<0,05) e as cinzas (8,76%) e o peso do caule (517,60 g/kg) tiveram os valores significativos mais baixos. Quando se utilizou a baba de frango, a proteína bruta (12,36%) e as cinzas (10,12%) foram mais elevadas. No caso da ADF% e da NDF%, o Napeir Vietname apresentou os resultados mais elevados quando se utilizou o bioslurry, que foram de 50,79% e 56,96%, respetivamente. A partir dos resultados, pode concluir-se que, independentemente da variedade e da aplicação de estrume, se o híbrido Napier for cultivado com estrume de poedeiras, apresenta os melhores resultados em termos de produção de biomassa e o Napier Vietnam cultivado com excrementos de frangos de carne em termos de teor de PC.

RECONHECIMENTO

Em primeiro lugar, o autor exprime a sua sincera gratidão a Deus Todo-Poderoso, o supremo do universo, pelas Suas bênçãos inesgotáveis para a conclusão com êxito do presente trabalho de investigação e para a preparação desta tese.

Este trabalho de investigação foi realizado no Bangladesh Livestock Research Institute, Savar, Dhaka, com a ajuda financeira do Fodder Research and Development Project do Ministério das Pescas e da Pecuária, Dhaka, Bangladesh.

O autor gostaria de exprimir o seu mais profundo sentido de gratidão, o seu sincero apreço e a sua sincera dívida para com o seu benevolente e respeitado professor e supervisor de investigação, Professor Dr. Md. Abul Hashem, Department of Animal Science, Bangladesh Agricultural University, Mymensingh, pela sua orientação escolar, sugestões inovadoras, supervisão constante, inspiração, conselhos valiosos, críticas úteis e construtivas, encorajamento constante e amável cooperação na realização deste trabalho de investigação e na redação da tese.

O autor também está muito grato e expressa a sua sincera gratidão e apreço ao seu honorável co-orientador, Dr. Nathu Ram Sarker, Oficial Científico Principal e diretor do projeto (Projeto de Investigação e Desenvolvimento de Forragens) pelas suas preciosas sugestões, apoio e assistência durante todo o período de estudo, conclusão do trabalho de investigação e preparação da tese.

O autor deseja expressar o seu profundo apreço e agradecimentos sinceros ao Professor Dr. Mohammad Mujaffar Hossain, ao Professor Dr. Sajeda Akter, ao Professor Dr. Ruhul Amin, ao Professor Dr. Mohammad Moniruzzaman, ao Professor Dr. Syed Md. Ehasanur Rahman, Dr. Md. Abul Kalam Azad, Dr. A.K.M. Ahsan Kabir, Department of Animal Science, Bangladesh Agricultural University, Mymensingh, pela sua ajuda e cooperação durante a realização do trabalho de investigação e a preparação deste manuscrito.

O autor deseja exprimir a sua gratidão e dívida ilimitadas ao Dr. Ahsan Habib, Responsável Científico Sénior, Projeto de Investigação e Desenvolvimento de Forragens, Md. Khairul Basar, Responsável Científico, (Desenvolvimento Forrageiro), Md. Ruhul Amin, responsável científico, Projeto de Investigação e Desenvolvimento de Forragens, Md. Nazmul Huda, Responsável Científico, Bangladesh Livestock Research Institute, pelos seus incentivos e orientações cordiais durante o período de realização deste trabalho.

O autor deseja também expressar o seu profundo respeito por todos os professores da Faculdade de Zootecnia da Universidade Agrícola do Bangladesh, Mymensingh, pelos seus valiosos ensinamentos, sugestões e encorajamento durante o período de estudo na universidade.

O autor está grato a Tonmoy, Rayhana Jahan Tamanna, Jhuma, Tomal e Masud pela sua amável cooperação, atitude amigável e inspiração ao longo do trabalho de investigação.

O autor deseja também manifestar a sua gratidão ao BLRI e ao PD pela oportunidade de realizar investigação no âmbito do projeto "Fodder Research and Development Project" do Ministério das Pescas e da Pecuária, Dhaka, Bangladesh, para financiamento a favor do co-orientador da investigação do autor.

Por último, mas não menos importante, o autor deseja exprimir a sua gratidão e imensa dívida para com os seus respeitados pais, o Sr. Md. Mostufa Kamal e a Sra. Jinath Sultana, e o seu irmão mais novo, Tanjim Kamal, bem como outros entes queridos, pela sua bênção sincera, sentimento de afeto, encorajamento e todo o tipo de sacrifícios para a formação superior do autor.

O autor

dezembro, 2015

ÍNDICE DE CONTEÚDOS

LISTA DE ABREVIATURAS, SÍMBOLOS E ACRÓNIMOS

ABBREVIATIONS	ELABORATION
WT	Weight
cm	Centimeter
e.g.	For example
et al.	And others
g	Gram
i.e.	That is
BLRI	Bangladesh Livestock Research Institute
SAS	Statistical Analysis System
Kg	Kilogram
DM	Dry Matter
CP	Crude Protein
ADF	Acid Detergent Factor
NDF	Neutral Detergent Factor
No.	Number
NS	Non-significant
Ca	Calcium
P	Phosphorus
N	Nitrogen
K	Potassium
Mg	Magnesium
%	Percentage
/	Per
:	Ratio
@	At the rate of
+	Plus
<	Less than
>	Greater than
±	Plus minus
=	Equal

CAPÍTULO 1
INTRODUÇÃO

1.1 Antecedentes

O gado desempenha um papel importante na maioria dos sistemas agrícolas de pequena escala em todo o mundo. Fornecem tração para cultivar os campos, estrume para manter a produtividade das culturas e produtos alimentares nutritivos para consumo humano e geração de rendimentos. O cultivo de forragens com um elevado potencial de rendimento e boa qualidade é importante para ultrapassar a oferta limitada de forragens grosseiras durante a seca anual e reduzir as quantidades de concentrado necessárias para a criação de gado nas regiões tropicais. As cultivares de capim napier foram melhoradas em termos de rendimento e qualidade. Diferem muito em termos de fracções botânicas e de valor nutritivo (Islam *et al.*, 2003).

A escassez de alimentos para animais é a principal razão para a baixa produtividade dos efectivos pecuários no Bangladesh. Atualmente, a procura de produção de forragens está a aumentar porque os recursos alimentares para o gado são limitados no país. Os animais no Bangladesh sobrevivem principalmente das gramíneas locais comuns que não estão disponíveis durante todo o ano. Por esta razão, o BLRI continua a trabalhar no desenvolvimento de diferentes variedades de forragem de alto rendimento que possam dar uma melhor nutrição ao gado.

O capim Napier é uma gramínea forrageira melhorada que produz uma grande quantidade de forragem rica em proteínas. É também conhecido como "capim-elefante", "capim-do-sudão" ou "capim-rei". O seu nome científico é Pennisetum purpureum".

O capim-napier é uma gramínea perene de raízes profundas e de alto rendimento, originária da África Oriental e Central (Boonman, 1993). Cresce em regiões tropicais e subtropicais com uma vasta gama de humidade anual, de 750 a 2.500 mm de precipitação, e em altitudes que vão desde o nível do mar até altitudes superiores a 2100 m, mas as geadas parecem limitar o seu cultivo acima desta altitude (Skerman e Riveros, 1990).

O capim-napier é mais adequado para zonas de elevada pluviosidade, mas é tolerante à seca e também pode crescer bem em zonas mais secas. Não cresce bem em zonas encharcadas. Pode ser cultivado juntamente com as árvores forrageiras nos limites dos campos ou ao longo das curvas de nível ou das elevações dos terraços para ajudar a controlar a erosão. Pode ser intercalada com culturas como leguminosas e árvores forrageiras, ou como um povoamento puro.

O capim-napier *(Pennisetum purpureum)* é uma gramínea perene amplamente cultivada como cultura forrageira e alimento para os sistemas leiteiros de corte e transporte sem pastoreio (Bayer 1990) e constitui até 80 % da forragem para as pequenas explorações leiteiras (Staal *et al.* 1987). É a forragem de eleição não só nas regiões tropicais mas também em todo o mundo (Hanna *et al.* 2004) devido às suas características desejáveis, como a tolerância à seca e a uma vasta gama de condições de solo, e a elevada eficiência fotossintética e de utilização da água (Anderson *et al.* 2008).

Embora muita atenção tenha sido direccionada para a investigação destinada a melhorar a produtividade das principais culturas cerealíferas (Katz 2003), tem havido comparativamente poucos esforços para melhorar o capim-napier - uma importante cultura forrageira que tem sido cultivada ao longo dos séculos e que atualmente goza de uma multiplicidade de utilizações para além do consumo animal convencional (Jaradat 2010). Este facto é fundamental para o renovado interesse da investigação nesta cultura que, de outra forma, tinha sido negligenciada.

1.2 Razões para selecionar as variedades Napier

- O capim Napier propaga-se facilmente.
- Tem um caule macio que é fácil de cortar.
- Tem raízes profundas, pelo que é bastante resistente à seca.
- As folhas e os caules tenros e jovens são muito saborosos para o gado.
- A erva Napier cresce muito rapidamente.

1.3 Justificação do estudo

Os benefícios económicos obtidos com a utilização de estrume animal podem ser eficazes. Existe uma boa possibilidade de utilizar o estrume animal para cultivar erva Napier de alto rendimento. Isto pode reduzir o custo de produção de erva Napier de alto rendimento. O estrume produzido pela atividade pecuária é suscetível de causar uma grave poluição ambiental. As práticas de gestão agronómica sobre a utilização de estrume podem transformar o alvo de um resíduo num produto de recurso. Os fertilizantes inorgânicos são caros, apesar dos subsídios governamentais. Tendo em conta a escassez e o elevado custo dos fertilizantes inorgânicos, os investigadores têm-se concentrado em examinar o desempenho das culturas com estrume orgânico, considerando que o estrume orgânico é barato e está facilmente disponível (Carvalho *et al.*, 2000). O estrume orgânico reduz a poluição ambiental e tem um efeito residual no solo mesmo após uma aplicação prolongada (Barongo, 2003). A produção e a persistência das gramíneas dependem da fertilidade do solo, da aplicação de fertilizantes, do abastecimento de água e do manejo do corte (Carvalho *et al.*, 2000). É a forrageira perene mais popular e recomendada para a produção intensiva.

Tendo em conta a discussão anterior, o presente trabalho foi, assim, realizado com os seguintes objectivos

1. Determinar o efeito de diferentes tipos de estrume na produção de Napier.

2. Determinar a produção de biomassa e o valor nutritivo de diferentes cultivares de Napier de alto rendimento.

CAPÍTULO 2
REVISÃO DA LITERATURA

2.1. Origem e distribuição da erva de Napier

O capim Napier *(Pennisetum purpureum)* também é conhecido como "capim-elefante". Recebeu o seu nome do Coronel Napier de Bulawayo, no Zimbabué, que no início do século passado instou o Departamento de Agricultura da Rodésia a explorar a possibilidade de o utilizar para a produção comercial de gado (Boonman, 1993).

Está disseminada nas regiões tropicais e subtropicais do mundo. O Napier é a espécie de gramínea dominante no Uganda, encontrando-se principalmente nas margens do Lago Vitória. O Napier é nativo da África subsariana tropical (isto é, sul da Etiópia, Quénia, Tanzânia, Uganda, Camarões, Costa do Marfim, Gana, Guiné, Libéria, Nigéria, Serra Leoa, Togo, Angola, Malawi, Moçambique, Zâmbia e Zimbabué). Esta espécie está amplamente naturalizada nas zonas costeiras do norte e leste da Austrália, na costa de Queensland e no nordeste de Nova Gales do Sul. Também está presente nas zonas costeiras do sudoeste e norte da Austrália Ocidental, na parte norte do Território do Norte e na Ilha Norfolk.

A Napier é também naturalizada na Ásia tropical (Bangladesh, China, Filipinas, Camboja, Indonésia, Malásia, Tailândia e Papua-Nova Guiné), no Sul dos EUA (Califórnia, Texas e Florida), no México, na América Central, na América do Sul (Colômbia e Peru), Caraíbas e na Oceânia (Nova Zelândia, Ilhas Cook, Micronésia, Polinésia Francesa, Fiji, Guam, Kiribati, Nova Caledónia, Havai, Niue, Palau, Ilhas Marshall e Ilhas Galápagos) (Bostock e Holland, 2007). O capim-napier ou capim-elefante, P. purpureum, é uma gramínea perene robusta cultivada para forragem principalmente em zonas tropicais de África, Ásia, América do Sul e Central. O capim-napier forma grandes tufos largos. Os seus caules são altos e têm até 3 cm de diâmetro na parte inferior (Bogdan, 1977).

O seu habitat natural são os prados húmidos, as florestas, as margens e os leitos dos rios. As plantas maduras atingem normalmente até 4 m de altura e têm até 20 nós (Henderson e Preston, 1977)

2.2. Rendimento em biomassa do capim-napier

Paikar (2010) observou o maior rendimento fresco da forragem Napier entre vários germoplasmas de forragens perenes. Encontrou um rendimento fresco e seco de 42-

45 MT ha^{-1} e 7-8 MT ha^{-1} respetivamente no laboratório de campo experimental da Universidade Agrícola do Bangladesh .

Khan (2009) referiu que, a partir de Napier, podem ser obtidas cerca de 170-250 toneladas de forragem verde/ha/ano com 8-10 estacas.

John (2008) trabalhou com Napier e observou que o número de perfilhos por planta mostrou uma relação positiva significativa com a altura da planta e a produção de forragem verde. Também mostrou uma relação altamente significativa e positiva entre o rendimento fresco e a altura da planta, a largura da folha, o número de perfilhos por planta e o teor de fibra bruta.

Boonman (1994) referiu que o capim Napier tem sido a forragem mais promissora e de maior rendimento do que qualquer outra gramínea tropical. Foi registado um rendimento de 85,4 MT ha^{-1} sem aplicação de fertilizantes e um rendimento recorde de 130 MT ha^{-1} com 1320 kg ha^{-1} de aplicação de fertilizantes azotados. De acordo com Boonman (1994), o Napier necessita de 100, 22 e 22 kg ha^{-1} de N, P e K, respetivamente, para crescer bem. Ao cortar e alimentar o gado, grandes quantidades de nutrientes são transferidas do solo para o estábulo de alimentação.

Srivas e Singh (2004) constataram que o rendimento em MS e a qualidade nutritiva do Napier dependem da quantidade e da distribuição da precipitação, da fertilidade do solo, da temperatura ambiente e do nível de gestão, como a adubação, a gestão dos cortes e a monda. Quanto maior for o intervalo de corte, maior será o rendimento em MS, mas menor será a qualidade nutritiva.

Srivas e Singh (2004) observaram que os caracteres como a altura da planta, o número de perfilhos e o comprimento das folhas estavam positivamente correlacionados com o rendimento em forragem verde do capim Napier. A associação destes caracteres com a produção de forragem verde também foi positiva e significativa, indicando a importância destes caracteres para melhorar a produção de forragem verde.

Tessema *et. al.* (2003) relataram que o aumento da altura da folhagem aumentou a produção de biomassa da forragem Napier.

Wadi *et. al.* (2003) verificaram que uma elevada expansão foliar com um perfilhamento vigoroso e uma rápida produção de folhas são caracterizados como os factores fundamentais para alcançar uma elevada produção de erva Napier.

Sarwar *et al.* (2002) efectuaram uma experiência sobre culturas forrageiras, na qual explicaram que as culturas forrageiras desempenham um papel vital na economia agrícola dos países em desenvolvimento, fornecendo a fonte mais barata de alimentação para o gado. A área cultivada com culturas forrageiras no Punjab (Paquistão) foi estimada em 2,7 milhões de hectares, o que corresponde a cerca de 1416% da área cultivada total, com uma produção anual de forragem de 57 milhões de toneladas, o que dá uma média nacional de 21,1 toneladas por hectare. Devido ao baixo rendimento por hectare e à área mínima de produção de forragem, a oferta de forragem disponível é 54-60% inferior à efetivamente necessária. Esta escassez da oferta está a ser acompanhada por uma redução da área cultivada com culturas forrageiras de 2% em cada década.

Sarwar *e outros* (2002) também afirmaram que, em muitos países em desenvolvimento, devido à crescente necessidade humana de alimentos, apenas uma quantidade limitada de terra cultivada pode ser afetada à produção de forragem. Além disso, na nossa região, o baixo rendimento forrageiro por hectare e os períodos de escassez de forragem, um deles durante os meses de verão, agravaram ainda mais a situação.

Sanusi *et. al.* (1997) observaram que se espera que o elevado nível de entrada de estrume permita obter um elevado nível de rendimento forrageiro no capim Napier.

Na Florida, a erva Napier obteve o rendimento mais elevado e a biomassa fresca foi de 54,4 MT ha^{-1} , 62 MT ha^{-1} e 44,5 MT ha^{-1} das três parcelas individuais, respetivamente. (Mielenz, 1997)

No entanto, os rendimentos desta gramínea variam em função do genótipo (Schank *et. al.,* 1993; Cuomo *et. al.,* 1996), dos factores edáficos e climáticos e das práticas de gestão (Chaparro *et. al.,* 1996; Woodard e Prine, 1993).

O capim Napier acumulou uma grande quantidade de MS (29 mg MS ha^{-1} ano^{-1}) num único corte por ano quando cultivado ininterruptamente durante 3 anos no Quénia, enquanto o rendimento variou de 10 a 40 mg MS ha^{-1} ano^{-1} dependendo da fertilidade do solo, do clima e da gestão (Schreuder *et. al.,* 1993).

Devarathinam e Dorairaj, (1992) registaram uma correlação positiva entre o rendimento em forragem verde e a altura das plantas no capim Napier. Os coeficientes de correlação genotípica do rendimento de forragem verde com os outros caracteres foram ainda divididos em efeitos directos e indirectos.

Synders *et. al.* (1992) relataram que o rendimento de Napier foi de 15-20 ton ha^{-1} ano^{-1} de DM usando apenas adubo orgânico.

Minson (1990) verificou que a produção de erva do capim Napier pode ser afetada pelo dia de colheita após a plantação. Geralmente, à medida que a erva envelhece, o rendimento em erva aumenta devido ao rápido aumento dos tecidos da planta.

O capim-napier é altamente eficiente na conversão da energia solar em energia química e é também eficiente na fixação do CO atmosférico$_2$, é capaz de acumular 10-85 mg DM ha^{-1} ano^{-1} e o seu potencial de produção é superior ao de outras gramíneas tropicais (Humphreys, 1994; Skerman e Riveros, 1990).

Sreenivasan *et. al.* (1986) referiram que a altura da planta e o número de perfilhos por planta têm maior influência direta no rendimento forrageiro do capim Napier. Os efeitos indirectos da altura da planta através da largura da folha e do número de perfilhos por planta contribuíram mais para a produção de forragem verde. Do mesmo modo, os efeitos indirectos da largura da folha através da espessura do caule, do comprimento da folha e da altura da planta também foram consideráveis.

Tergas e Urrea (1985) efectuaram uma experiência em Napier e trataram-na com 2 toneladas de calcário + 200 kg N + 88 kg P/ha. Observaram que a produção anual total de MS foi de 72,9 MT ha^{-1} de Napier. Também descobriram que a proteína bruta, o nível de P e a digestibilidade in vitro da MS aumentaram com o aumento da taxa de fertilizante de 2 toneladas de calcário + 200 kg N + 88 kg P/ha em Napier.

Ferraris (1980), Skerman e Riveros (1990) e Vicente-Chandler et. al. (1959) relataram que o rendimento anual de MS do capim Napier variou de 18,3 a 49,7 mg ha^{-1} , 10,7 a 85,9 mg ha^{-1} e 25,9-80,7 mg ha^{-1} respetivamente.

Os rendimentos da erva Napier podem variar entre 12 e 19 MT ha^{-1} ano^{-1} em solos não fertilizados e 55 MT ha^{-1} ano^{-1} em solos fertilizados com um abastecimento de água adequado (Williams, 1980).

Fakir (1979) cultivou várias gramíneas na Savar Dairy Farm, em Dhaka, e verificou que o rendimento de Napier, guiné e splendida era de 143,55, 125,03 e 157,46 MT ha^{-1} , respetivamente.

Grant *et. al.* (1974) observaram que, sem suplementação, o Napier podia suportar uma produção diária de 8-10 kg de leite por vaca, e que tem sido utilizado com sucesso como único alimento para ruminantes.

Oyennuga (1960) efectuou uma série de experiências com algumas gramíneas forrageiras sobre o efeito do estádio de crescimento e da frequência de corte no rendimento e na composição. O capim Napier foi cortado com intervalos de 3, 6, 8 e 12 semanas e apenas o último rendimento foi significativamente mais elevado do que os outros. A MS correspondente foi de 4,79, 7,34, 8,46 e 13,72 MT ha^{-1} .

Vicente Chandler *et. al.* (1959) trabalharam com três gramíneas tropicais, Guiné, Pará e Napier. Em cada caso, observaram que o rendimento em MS das gramíneas aumentava progressivamente para cada nível crescente de fertilizante azotado. A aplicação do fertilizante também aumentou progressivamente o teor de proteína bruta.

2.3. Valor nutritivo do capim Napier

Khan (2009) afirmou que o capim Napier é muito apreciado por todos os tipos de gado e búfalos e contém 6-8 % de PC, 8-10% de cinzas, 28-35 % de CF, 32-36 % de NFE e 8-9 MJ ME/ kg DM.

Haque *et. al.* (2009) referiram que a erva Napier contém 250 g de MS kg^{-1} erva verde, 240 g OM kg^{-1} erva verde, 25 g P/kg erva verde e 2,0 MJ kg^{-1} erva verde.

Khaleduzzaman *et. al.* (2007) realizaram uma experiência com o capim Napier utilizando cinco doses diferentes de azoto (0, 40, 80, 120 e 160 kg N/ha) e três doses de fertilizante de fósforo (0, 10 e 20 kg P/ha) e verificaram que os teores de proteína bruta (PB) e de matéria orgânica (MO) aumentaram significativamente (P<0,01) com o aumento do nível de fertilizante N, enquanto os teores de fibra detergente ácida (FDA) e de cinzas diminuíram com o aumento do nível de N até 160 kg N/ha.

Andrade *et. al.,* (2003) estudaram com a forrageira Napier em duas épocas (chuvosa e seca) e relataram que na época chuvosa o fertilizante nitrogenado influenciou positivamente a produção de matéria seca das folhas. A concentração de fibra em detergente neutro e fibra em detergente ácido reduziu com a adição de fertilizante potássico na estação chuvosa.

Vários investigadores, nomeadamente Mpairwe *et. al.* (2003), Kabirizi *et. al.* (2000), Muinga *et. al.* (1995), referiram que os valores de PC e EM do Napier eram insuficientes para uma produção óptima de leite. Eles recomendaram que o Napier deveria ser suplementado com leguminosas forrageiras e/ou concentrados para melhorar a ingestão de MS, a digestibilidade e a produção de leite.

Campos *et. al.* (2002) estudaram com capim Napier e cortaram o capim dos 45 aos 105 dias, com intervalos de 10 dias entre os cortes. Foi observada uma diminuição da degradabilidade da fração do capim Napier com o avanço do estágio de maturação.

Verificou-se um aumento dos teores de MS e PC do Napier com o aumento da aplicação de fertilizante azotado de 0 a 150 kg ha^{-1} (Singh *et. al.,* 2000)

Clatworthy, (1998) descobriu que a produção média anual de erva de gramíneas melhoradas varia de 5-15 t DM/ha em condições de terra seca, para 10-40 t DM/ha em condições fertilizadas e irrigadas. Também referiu que a caraterística mais importante é o declínio do teor de proteínas à medida que a estação das chuvas avança (à medida que a planta amadurece). O teor de proteínas é mais elevado em novembro (8-15 %) e mais baixo em maio/junho (1-5 %). O teor de fibra aumenta de 25-30 % no início da estação de crescimento para 50 % no final da estação de crescimento. O baixo teor de proteínas provoca uma baixa digestibilidade (a digestibilidade total diminui de cerca de 65 % no final de novembro para cerca de 40 % no final de junho) e a ingestão de alimentos provoca uma deficiência energética. McDonald *et al.,* (1988) afirmaram que a *P.maximum é* uma das gramíneas mais comuns na região de savana derivada da Nigéria, em boas condições o seu valor nutricional é elevado, tendo até 12,5% de proteínas brutas, nutrientes digestíveis totais (TDN) de 10,2% e cálcio, fósforo e magnésio.

Prasad *et. al.* (1995) realizaram uma experiência com quatro genótipos híbridos de Napier com quatro níveis de azoto (0, 20, 40 e 60 kg N/ha) e verificaram que a aplicação de 60 kg N/ha era estatisticamente superior em termos de teor de nutrientes em relação aos níveis inferiores de azoto em ambos os tipos de Napier.

Schreuder *et al.,* (1993) afirmaram que, no Quénia, os rendimentos médios de matéria seca variam entre 10 e 40t DM ha-1 ano-1, dependendo da fertilidade do solo, do clima e da gestão. Islam *et al.,* 2003 observaram que o capim Napier contém, em média, 20% de MS, 7 a 10% de PC, 70% de FDN e 45% de ADF.

2.4. Características morfológicas do capim-napier

O Napier é uma gramínea perene com um rizoma rastejante e atinge geralmente uma altura de 2-6 m na maturidade, dependendo do tipo de solo e das condições climáticas em que é cultivado. É essencialmente uma gramínea para regiões quentes e húmidas, de preferência abaixo de 1500 m acima do nível do mar (Skerman e Riveros, 1990). Cresce melhor em zonas de elevada pluviosidade, não inferior a 1000 mm anuais. O seu sistema radicular bem desenvolvido permite-lhe resistir à seca e manter-se verde durante as estações secas (Skerman e Riveros, 1990).

A Napier é estabelecida principalmente através de estacas de caule (cana) (Wolfang, 1990), com pelo menos três nós, um dos quais deve permanecer acima do solo aquando da plantação. De acordo com Boonman (1994), também pode ser estabelecida através de estacas de plantas jovens.

Jones *et. al.* (2004) observaram que a erva Napier é propagada vegetativamente a partir de estacas e cultivada em todo o Quénia. O método de plantação utilizado não tem qualquer efeito significativo na germinação, crescimento e sobrevivência do Napier (Ssekabembe, 1998).

É necessária uma cama de sementes bem preparada para favorecer o crescimento das estacas plantadas. As estacas são inseridas no solo num ângulo de 45^0 , ou enterradas horizontalmente em sulcos. O momento ótimo para colher esta forragem é quando as canas têm 0,6-0,9 m de altura. No entanto, o primeiro corte deve ser efectuado depois de as plantas terem acumulado uma boa quantidade de reservas de nutrientes nos porta-enxertos (Sollenberger *et. al.,* 1988).

É a forragem de eleição não só nas regiões tropicais mas também em todo o mundo (Hanna *et. al.* 2004) devido às suas características desejáveis, como a tolerância à seca e a uma vasta gama de condições do solo, e a elevada eficiência fotossintética e de utilização da água (Anderson *et. al.* 2008).

Nalguns países, o capim Napier é também designado por "capim-elefante". O capim-elefante é uma gramínea muito grande e robusta de vida longa (1-7 m de altura) com cabeças de sementes de cor esverdeada, amarelada ou arroxeada. O caule principal da cabeça da semente é arredondado. O Napier é uma erva muito robusta que forma grandes tufos, semelhantes a bambus (frequentemente com 2-4 m de altura). As bainhas das folhas não têm pêlos ou têm pêlos rígidos e há uma franja densa de pêlos onde se encontram as lâminas das folhas. As grandes lâminas das folhas (20-120 cm de comprimento e 1-5 cm de largura) têm uma nervura central esbranquiçada proeminente. A cabeça da semente é em forma de espiga (8-30 cm de comprimento e 1,5-3 cm de largura). As espiguetas das flores estão rodeadas por numerosas cerdas, uma das quais é maior do que as outras (ou seja, 2-4 cm de comprimento).

Os parâmetros morfológicos em causa são o número de hilos, o número de perfilhos, a altura da planta e a fração botânica. Os resultados do estudo de Van de Wouw *et al.* são apresentados no quadro 1:

Character	Definition	No.of plants observed
Morphological characteristics *Growth habit* 1. Growth form 2. Tiller number	Average angle of stem to the ground from 0^0 to 90^0 Average number of tillers on the stool	Full plot
Leaf characteristics 1.Leaf length 2.Leaf width 3.Leaf serrateness 4. Leaf hairiness 5.Leaf roughness	Length from ligulae to tip of leaf (cm) Width of leaf at widest point (cm) An estimate of the average number of teeth on 1cm of leaf edge at middle of the leaf; (1) <15, (2) 15-20, (3) >20 – adaxial An estimate of the average hairiness of the abaxial face of the leaf at the middle of the leaf; (1) none, (2) sparse, (3) dense abaxial An estimate with the tip of the finger of the average roughness of the abaxial face of	10 plants

	the leaf; (1) smooth (2) rough (3) very rough	
6. Leaf sheath hairiness	An estimate of the average hairiness of the leaf sheath (excluding the edge of the leaf sheath); (1) none, (2) sparse, (3) dense	
7. Length of the sheath hairs	An estimate of the average length of the hairs on the leaf sheath (excluding the edge of the leaf sheath); (1) <2mm, (2) 2-3 mm, (3) 3-4 mm, (4) >4mm	10 plants
8. Leaf sheath edge hairiness	An estimate of the average hairiness of the edge of the leaf sheath; (1) none, (2) sparse, (3) dense	
9. Leaf colour	Estimate of colour of leaf; (1) dark green, (2) mid green, (3) pale green, (4) yellow, (5) pale yellow, (6) white/cream (7) red/orange	
Stem characteristics 1.Stem thickness	Diameter of the stem above the lowest node (cm)	
2.Internode length	Length of the fifth internode from the lowest internode (cm)	10 plants
3.Node hairiness	An estimate of the hairiness of the lowest node; (1) none (2) sparse (3) dense	

2. 5. Fração botânica do capim-napier

Mwendia *et al.,* (2008) descobriram que as diferenças varietais em características morfológicas como a capacidade de perfilhamento foram observadas por Mwendia *et al.* (2006) que relataram que o French Cameroon e o Clone 13 produziram maior número de perfilhos em comparação com Bana, Kakamega I, Ex-Githunguri e Kakamega II. Há diferenças varietais nas proporções de diferentes frações botânicas e composição química.

Islam *et al.,* (2003); Mwendia *et al.,* também afirmaram que a proporção de fracções foliares está positivamente correlacionada com a concentração de PC vegetal e energia digestível e, por sua vez, determina a ingestão e o desempenho animal.

Islam *et al.,* (1996) observaram que as proporções das fracções botânicas e a sua estrutura interna determinam o valor nutritivo e a ingestão de forragens. Por conseguinte, os factores que afectam as proporções das fracções botânicas e o seu valor nutritivo podem ter implicações importantes na manipulação do valor nutritivo e na ingestão de forragens pelos animais. Goldson, (1977) realizou uma experiência na África Oriental, particularmente no Quénia, tendo sido seleccionadas e testadas várias cultivares altas numa vasta gama de ambientes. As cultivares comuns são a Bana, a French Cameroon, a Clone 13 e a híbrida Pakistan. A Bana é a mais popular e é caracterizada por caules curtos e suculentos com folhas largas e tem a menor tendência para ser estemecida na maturidade. O Camarões franceses, que atinge 3 m de altura, é estriado e peludo. A natureza peluda de algumas variedades de erva Napier retém a humidade, criando assim uma microbacia adequada para uma infestação de fungos (bolor branco, *Spharaedea beniwoskia).*

Reid et al., (1973) relataram que, geralmente, as folhas das gramíneas continham mais proteína bruta e conteúdo celular do que o caule.

2.6. Efeito do estrume na produção de forragem

A mineralização do estrume aplicado também é regulada pelas condições de temperatura através da atividade microbiana em ambientes de solo aplicados. A taxa de crescimento do capim Napier é mantida de acordo com a taxa de mineralização dos nutrientes do estrume, de modo a mitigar o risco de poluição mineral no campo forrageiro produtivo (Sanusi *et al.,* 2006).

O efeito dos tipos de fertilizantes utilizados no desempenho do crescimento e na qualidade nutricional da erva foi avaliado por Shokri Bin Jusoh, (2005). O fertilizante orgânico, quer como estrume de ovelha sozinho quer como combinação com ureia, proporcionou um melhor desempenho de crescimento da erva em termos de altura do rebento, número de rebentos e índice de área foliar ao longo de 6 ciclos de semanas por ciclo. O tratamento com 200 kg N/ha de estrume de ovelha deu o maior rendimento de matéria seca (16 t/ha/ano) em comparação com o controlo (10 t/ha/ano). A relação folha/caule da erva mostra que a fração de folhas aumentou significativamente ao longo do tempo. O fertilizante de ureia deu maior proteína bruta (13%) em comparação com 12% nos outros tratamentos. A erva fertilizada com fertilizante misto deu maior NDF (73,21%), ADF (40%) e o estrume de ovelha deu maior concentração de cinzas (>10%) e baixa concentração de ADL (<0,25%)

(Shokri Bin Jusoh, 2005).

Para a produção de forragens, é essencial uma gestão global do estrume nas ervas, através da compreensão da quantidade de estrume introduzida, da absorção dos nutrientes do estrume pelas ervas e de um equilíbrio razoável entre as entradas e a absorção das forragens (Idota *et al.*, 2005)

Embora as gramíneas respondam muito rapidamente aos fertilizantes inorgânicos, o estrume animal que pode ser fornecido nas instalações dos agricultores é um recurso importante para o cultivo de gramíneas. Estes materiais também ajudam a melhorar as propriedades físicas do solo e a aumentar a atividade dos micróbios benéficos do solo. Foi relatado que a erva híbrida Napier fertilizada com estrume orgânico adequado, especialmente estrume de aves (2,62% de azoto, 2,8% de fósforo e 2,82% de potássio), produziu um rendimento mais elevado do que o aplicado com fertilizante inorgânico (Jayanthi, 2003).

Também foi relatado que a aplicação de 20t/ha (ou 2kg/planta) de estrume de quinta antes do corte da erva aumentou a produção global da cultura de erva Napier (Sidhy, 2003).

A alta expansão foliar, o perfilhamento vigoroso e a rápida produção de folhas em dosséis altos são caracterizados como os factores fundamentais para alcançar uma alta produção de capim Napier (Ferraris *et al.*, 1986; Matsuda *et al.*, 1991; Wadi *et al.*, 2003).

O capim Napier cresce rapidamente e requer uma fertilização pesada para atingir uma produção elevada (Miyagi, 1981; Mohammad *et al.*, 1988; Sanusi *et al.*, 1999; Wadi *et al.*, 2003a).

Olson e Paworth (2000) registaram um efeito positivo no rendimento forrageiro da aplicação de estrume orgânico de suíno. Com os recentes aumentos do custo dos fertilizantes inorgânicos na Nigéria, fora do alcance dos produtores de gado camponeses, é provável que se verifique uma redução drástica da quantidade e da qualidade das forragens em relação à produção através do melhoramento com a utilização de fertilizantes. (Olson e Paworth, 2000).

O carácter de crescimento, bem como a qualidade da forragem, são variáveis, dependendo da fase de crescimento das ervas (Hsu *et al.*, 1989; Woodard *et al.*, 1991; Sanusi *et al.*, 1997; Ishii *et al.*, 1999).

Assim, espera-se que o nível elevado de entrada de estrume permita obter um nível elevado de rendimento forrageiro no capim Napier (Sanusi *et al.*, 1997).

A absorção de nutrientes do estrume pela erva depende do crescimento da erva e é necessária uma gestão cuidadosa da fertilização para manter uma elevada qualidade das ervas (Humphreys, 1994).

No que respeita ao fornecimento de ervas aos animais, a qualidade e a quantidade de ervas devem ser mantidas através da escolha de espécies adequadas que possam atingir uma produção elevada com alta qualidade (Mendoza e Schank, 1987).

Thairu e Tesema (1985) referiram que a gestão de forragens de alto rendimento sem fertilizantes é extremamente impossível, mesmo em condições normais de solo e precipitação.

CAPÍTULO 3
MATERIAIS E MÉTODOS

Foi realizado um ensaio agronómico com cinco cultivares de Napier *(Pennisetum purpureum var.)* (Napier Hybrid, Napier Vietnam, Merkeron, Wruk-wona e Bajra) com o objetivo de investigar o efeito do estrume na produção de biomassa, nas características morfológicas, nas fracções botânicas e no valor nutritivo.

Este capítulo apresenta uma breve descrição sobre o período experimental, o local de experimentação, a região agro-ecológica, as condições climáticas, os tratamentos, a análise química, a análise laboratorial, o desenho experimental e o esquema, o registo de dados e a sua análise estatística.

3.1 Período experimental

T A experiência de campo foi realizada durante o período de maio a agosto de 2014 e as análises laboratoriais foram efectuadas de setembro de 2014 a fevereiro de 2015.

3.2 Sítio experimental

3.2.1 Localização

Geograficamente, o campo experimental está situado a 23 85' de latitude norte e 90 26' de longitude leste, a uma altitude de 18 m acima do nível do mar. A fim de alcançar os objectivos do estudo, a experiência foi realizada na Estação de Investigação de Pachutia, Instituto de Investigação Pecuária do Bangladesh (BLRI), Savar, Daca. A análise química da amostra das cultivares Napier foi efectuada no Laboratório de Nutrição Animal do BLRI. A localização desta experiência é mostrada na Fig.1

3.2.2 Região Agro-Ecológica

O campo experimental pertence à região agro-ecológica da planície de inundação de Young Brahmaputra e Jamuna e Madhupur Tract. A região ocupa uma grande área de sedimentos do Brahmaputra que foram depositados antes de o rio se deslocar para o seu atual canal do Jamuna, há cerca de 125 anos (PNUD e FAO, 1988).

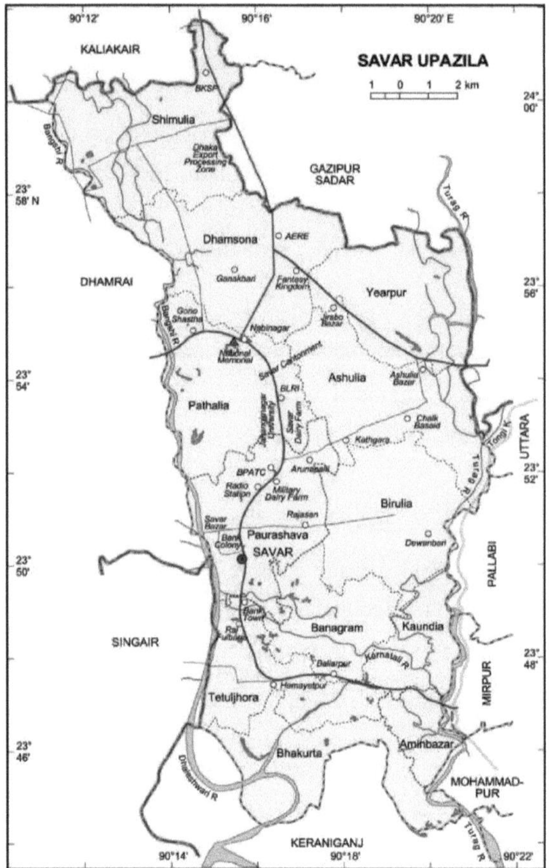

Figura. 1 Localização do sítio experimental

3.2.3 Solo

O solo tinha uma reação ligeiramente ácida (pH 5,6-6,5) e uma textura franco-siltosa. O terreno era plano, com drenagem moderada e acima dos níveis de inundação. As características do solo são apresentadas no Apêndice 2.

3.2.4 Condição climática

O campo experimental está situado num clima subtropical. Normalmente, a precipitação é intensa de abril a setembro e escassa de outubro a março. A estação de janeiro a março começa com temperaturas baixas e 8-10 horas de sol, a humidade atmosférica aumenta de junho a setembro (acima de 80%) e diminui no inverno.

3.3 Conceção da experiência

O experimento foi conduzido em um experimento fatorial 5X5 em um Delineamento Inteiramente Casualizado (DIC).

Variedade = 5, Tipo de estrume = 5
N.º total de parcelas: 100
Tamanho do terreno: 10 pés x 10 pés
Distância planta a planta= 1 pé
Distância entre filas= 1 pé
Distância entre parcelas = 2 pés

Treatment \ Variety	T1 (Control fertilizer)	T2 (Bio slurry)	T3 (Layer dropping)	T4 (Broiler dropping)	T5 (Goat dropping)
Napier Hybrid	4	4	4	4	4
Napier Vietnam	4	4	4	4	4
MerkEron	4	4	4	4	4
Wruk-Wona	4	4	4	4	4
Bajra	4	4	4	4	4

3.4 Realização da experiência

3.4.1 Criação de forragens

3.4.1.1 Preparação do terreno

As terras foram preparadas por lavoura e lavoura cruzada com trator, seguidas de escada, gradagem e aplainamento para obter o solo desejável. Todas as ervas daninhas e restolhos da cultura anterior foram removidos. Os cantos do terreno foram limpos com uma pá e os torrões maiores visíveis foram partidos em pequenos pedaços. Durante a preparação do terreno foi aplicado estrume orgânico a uma taxa de 30 kg/decimal.

3.4.1.2 Preparação de fertilizantes

O chorume biológico foi recolhido da central de biogás e depois seco. Depois disso, o estrume seco foi triturado e aplicado no solo. O estrume de frangos de carne, o estrume de poedeiras e o estrume de cabras foram colocados no solo em condições anaeróbias durante 21 dias e depois aplicados na terra. O estrume de cabra foi decomposto manualmente.

3.4.1.3 Coleção de corte

As estacas de forragens foram recolhidas no Bangladesh Livestock Research Institute (BLRI) no âmbito do projeto de investigação e desenvolvimento de forragens.

3.4.1.4 Plantação de estacas

Após a recolha das estacas, estas foram preparadas com a ajuda de uma foice e os comprimentos das estacas contêm pelo menos 3 nós na sua bainha. As estacas destas gramíneas foram plantadas a 28 de fevereiro de 2014 pelo método da linha, mantendo um nó sob o solo com ângulos de 45^0 e mantendo uma distância de 1,0 pés entre linhas e espaçamento entre plantas.

3.4.1.5 Aplicação de fertilizantes
Durante a preparação da terra foi aplicado estrume orgânico a uma taxa de 30 kg/decimal.
Durante a preparação do terreno, foram aplicados apenas fosfato (TSP) e MP a 150 e 125 kg/ha. A ureia à taxa de 50 kg foi aplicada 20-30 dias após o transplante.

3.4.1.6 Operações interculturais

Foram efectuadas operações interculturais para assegurar e manter o crescimento vigoroso das forragens. Foram efectuados cuidados intensivos durante todo o período vegetativo. Foram efectuadas as seguintes operações interculturais:

3.4.1.6.1 Preenchimento de lacunas

Após 3 semanas de plantação, as estacas mortas foram substituídas por estacas saudáveis da mesma fonte para assegurar uma população de forragem de 100%.

3.4.1.6.2 Monda

A monda foi efectuada de duas em duas semanas para assegurar o bom estado de todas as forragens em crescimento.

3.4.1.6.3 Irrigação e drenagem

A irrigação e a drenagem foram efectuadas em cada parcela sempre que necessário.

3.5 Colheita e transformação

A forragem verde de cada parcela foi colhida manualmente após 60 dias de transplante, a cerca de 5-6 cm acima do solo. A produção de biomassa foi determinada em cada parcela e convertida em toneladas/ha.

3.6 Registo de dados de campo

A. Rendimento de biomassa de forragem

Imediatamente após o corte da forragem, o rendimento fresco foi registado por pesagem utilizando uma balança e o rendimento foi expresso em MT ha^{-1} . A produção de biomassa de cinco cultivares Napier foi medida através da pesagem da massa.

B. Carácter morfológico
i. Altura da planta (cm)

De cada parcela foram seleccionadas aleatoriamente 5 plantas. Em seguida, mediu-se a altura das plantas com uma fita métrica.

ii. Número de lavradores Planta^{-1}

Foram contados os números de perfilhos de cinco plantas seleccionadas aleatoriamente. Foram contados os perfilhos que tinham pelo menos uma folha visível.

iii. Número de hiller ha^{-1}

Foram contados os números de colinas de cinco plantas seleccionadas aleatoriamente e convertidos em milhares de ha^{-1} .

3.7 Amostragem

3.7.1 Amostragem durante a colheita

As amostras representativas foram colhidas, cortadas com cerca de 2-3 cm de comprimento e enviadas para o laboratório para avaliação nutritiva. 1 kg de forragem de cada cultivar foi fraccionado manualmente em três fracções: lâmina foliar, bainha foliar e caule (base de MS). As medições do rendimento em MS foram efectuadas em parcelas inteiras.

3.7.2 Preparação de amostras para análise laboratorial

As amostras foram cortadas e secas antes de serem trituradas. Após a moagem, as amostras foram mantidas em sacos de polietileno, etiquetadas e armazenadas para análise posterior.

3.8 Análises laboratoriais

3.8.1. Análise química dos componentes proximais

As amostras foram analisadas para DM (matéria seca), PC (proteína bruta) e cinzas seguindo o método da AOAC (2004).

3.8.2 Determinação das fracções de fibra

A fibra em detergente ácido (ADF) e a fibra em detergente neutro (NDF) foram determinadas de acordo com os procedimentos de Georing e Van soest (1970).

3.9 Análise estatística

Os dados registados foram compilados e tabulados de forma adequada para análise estatística. Os dados recolhidos foram analisados estatisticamente utilizando a técnica de "Análise de Variância" com a ajuda do programa informático SAS. A significância das diferenças médias entre os tratamentos foi efectuada através do teste de Duncan (DMRT) e do teste da diferença mínima significativa (LSD) (Gomez e Gomez, 1984).

CAPÍTULO 4

RESULTADOS E DISCUSSÃO

4.1 Rendimento da biomassa

O rendimento de biomassa de diferentes tratamentos com diferentes variedades é apresentado no quadro 4.1. O intervalo do rendimento global de biomassa observado nos diferentes tratamentos foi de 125,71 a 177,39 MT/ha. Os diferentes sobrescritos observados no grupo de controlo e no grupo do estrume orgânico indicam que houve diferenças significativas (p<0,05) entre estes dois grupos. O mesmo sobrescrito observado no tratamento de criação de frangos e cabras indica que não houve diferenças significativas (p>0,05) entre os grupos de adubo orgânico. O rendimento de biomassa da queda de poedeiras (177,39 MT/ha) foi o mais elevado e o do bioslurry (125,71 MT/ha) foi o mais baixo entre estes cinco tratamentos. A gama de rendimento global de biomassa em diferentes variedades varia de 107,12 a 221,27 MT/ha. Os diferentes sobrescritos observados em cinco variedades indicam que houve diferenças significativas (p<0,05) entre estas cinco variedades. O rendimento de biomassa dos híbridos Napier (221,27 MT/ha) foi o mais elevado e o Napier Vietname (107,12 MT/ha) foi o mais baixo entre estas cinco variedades. Além disso, como um todo, o rendimento de biomassa do híbrido Napier com estrume (258,67 MT/ha) foi o mais elevado e o Napier Vietnam (61,97 MT/ha) com bioslurry foi o resultado mais baixo. Liu et al. (2002) referiram que o capim-rei de Reyan n.º 4 tinha um rendimento fresco médio de 274,5 t ha-1 (185,3 a 375 t ha-1) no ensaio produtivo em oito locais do Sul da China, que era 19,4% (12,8 a 25,0%) superior ao do capim-napier. Khan (2009) relatou que, a partir do Napier, cerca de 170-250 toneladas de forragem verde/ha/ano podem ser encontradas com 8-10 cortes, o que é semelhante ao nosso resultado. Na Florida, a erva Napier obteve o maior rendimento e a biomassa fresca foi de 54,4 MT ha^{-1} , 62 MT ha^{-1} e 44,5 MT ha^{-1} das três parcelas individuais, respetivamente (Mielenz, 1997). A maior produção de biomassa da nossa experiência pode dever-se à aplicação de adubo orgânico.

Quadro 4.1 Efeito de diferentes tipos de adubo orgânico na produção de biomassa de diferentes cultivares de Napier

Parameter	Variety	Types of Manure					Mean	Level of significance		
		Control	Bio-slurry	Layer	Broiler	Goat		M.	V.	M*V
Biomass yield (MT/ha)	Napier Hybrid	190.33±3.21	211.00±16.03	258.67±13.39	229.63±16.15	216.73±13.38	221.27^a±12.43	<0.0001	<0.0001	0.1751
	Napier Vietnam	89.00±6.82	61.97±6.63	168.63±37.20	102.97±18.34	113.03±16.96	107.12^d±17.19			
	Merkeron	129.33±12.73	97.90±26.83	123.27±13.39	153.57±13.03	151.03±9.07	131.02^c±15.01			
	Wruk wona	141.73±7.42	115.83±4.47	173.47±26.57	139.23±19.62	141.03±6.21	142.26^{bc}±12.85			
	Bajra	157.17±0.32	141.87±21.48	162.90±16.90	159.30±3.05	186.57±9.74	161.56^b±10.29			
	Mean	141.51^{bc}±6.10	125.71^c±15.08	177.39^a±21.49	156.94^{ab}±14.04	161.68^{ab}±11.07				

A média em cada linha com diferentes sobrescritos varia significativamente em valores p < 0,05. Novamente, os valores médios com o mesmo sobrescrito em cada linha não diferem significativamente a p> 0,05. M.= Estrume, V.= Variedade, M.*V.=Interação de Estrume e Variedade.

4.2 Altura da planta

A altura da planta dos diferentes tratamentos com diferentes variedades é apresentada no quadro 4.2. A variação da altura total da planta observada nos diferentes tratamentos foi de 195,43 a 215,76 cm. O sobrescrito diferente observado no controlo e no orgânico indica que houve uma diferença significativa (p<0,05) entre estes dois grupos. O mesmo sobrescrito observado no tratamento de frangos de corte e de poedeiras indica que não houve diferenças significativas (p>0,05) entre os grupos de adubo orgânico. A altura da planta do grupo de controlo (215,76 cm) foi a mais elevada e a do bioslurry (195,43 cm) a mais baixa entre estes cinco tratamentos. O intervalo da altura total das plantas nas diferentes variedades varia de 190,35 a 226,52 cm. Os diferentes sobrescritos observados em cinco variedades indicam que houve diferenças significativas (p<0,05) entre essas cinco variedades. Mas não houve diferença significativa (p>0,05) entre a altura da planta de Napier Vietnam (196,45 cm), MerkEron (190,35 cm) e Wruk-wona (202,40 cm). A altura da planta dos híbridos Napier (221,27 MT/ha) foi a mais elevada e a do Napier Vietnam (107,12 MT/ha) a mais baixa entre estas cinco variedades. Além disso, como um todo, a altura da planta de Bajra com estrume de controlo (238,00 cm) foi a mais alta e MerkEron (171,00 cm) com bioslurry foi a mais baixa. Tessema *et. al.* (2003) referiram que o aumento da altura da folhagem aumentou a produção de biomassa da forragem Napier.

4.3 N.º de colinas

O número de colina de diferentes tratamentos com diferentes variedades é mostrado na tabela 4.2. O intervalo do número total de colinas observado nos diferentes tratamentos foi de 99,66 a 104,34. Os diferentes sobrescritos observados nos grupos de controlo e de adubo orgânico indicam que houve uma diferença significativa (p<0,05) entre estes dois grupos. O mesmo sobrescrito observado no tratamento de frangos de corte (102,91) e de poedeiras (100,91) indica que não houve diferenças significativas (p>0,05) entre os grupos de adubo orgânico. O número de colinas do estrume de controlo (104,34) foi o mais elevado e o do chorume biológico (99,66) foi o mais baixo entre estes cinco tratamentos.

Quadro 4.2 Efeito de diferentes tipos de adubo orgânico nas características morfológicas de diferentes cultivares de Napier

Parameter	Variety	Type of Manure					Mean	Level of significance		
		Control	Bio-slurry	Layer dropping	Broiler dropping	Goat dropping		M.	V.	M*V
Plant height (cm)	N. Hybrid	233.07±14.54	224.33±18.81	230.27±17.33	219.80±3.19	225.13±18.16	226.52^a±14.41	0.0114	<0.0001	0.7202
	N. Vietnam	202.87±8.65	174.53±1.74	197.80±1.29	197.33±5.87	209.73±6.94	196.45^b±4.50			
	MerkEron	197.07±8.80	171.00±12.03	190.07±10.34	197.53±9.82	196.07±5.37	190.35^b±9.27			
	Wruk-wona	207.80±9.73	207.00±5.72	203.87±7.20	188.27±9.89	205.07±5.30	202.40^b±7.57			
	Bajra	238.00±7.37	200.27±1.79	220.80±7.14	209.20±7.00	234.67±13.03	220.59^a±7.26			
	Mean	215.76^a±9.82	195.43^b±8.02	208.56^{ab}±8.66	202.43^{ab}±7.15	214.13^a±9.76				
No. of hill (thousant/ha)	N. Hybrid	106.23±0.37	107.27±0.33	104.80±1.80	104.07±0.94	104.07±0.94	105.29^a±0.88	0.0370	0.1003	0.8968
	N. Vietnam	104.07±2.00	96.50±3.07	101.93±2.51	101.90±1.91	103.33±0.61	101.55^b±2.02			
	MerkEron	102.60±0.70	99.73±7.37	100.10±3.31	104.40±0.64	104.03±0.37	102.17^{ab}±2.48			
	Wruk-wona	104.03±0.37	97.57±5.17	100.10±1.85	103.33±0.61	103.70±1.29	101.75^{ab}±1.86			
	Bajra	104.77±1.88	97.23±6.17	97.60±2.20	100.87±1.43	104.07±1.57	100.91^b±2.65			
	Mean	104.34^a±1.06	99.66^b±4.42	100.91^{ab}±2.33	102.91^{ab}±1.11	103.84^a±0.95				
No. of till/hill	N. Hybrid	15.13±1.64	13.47±1.07	16.60±2.47	13.13±1.33	14.93±1.49	14.65^a±1.60	0.8221	<0.0001	0.7786
	N. Vietnam	10.13±0.27	10.80±0.31	10.80±0.87	10.67±1.30	8.93±0.37	10.27^c±0.62			
	MerkEron	12.27±1.39	12.60±1.10	12.20±1.59	11.93±0.55	13.00±0.53	12.40^b±1.03			
	Wruk-wona	10.60±1.59	12.53±0.71	10.00±0.95	8.80±2.50	10.60±0.42	10.51^c±1.23			
	Bajra	10.33±1.60	10.93±2.32	8.80±0.50	10.80±1.42	11.33±0.24	10.44^c±1.22			
	Mean	11.69^a±1.30	12.07^a±1.10	11.68^a±1.27	11.07^a±1.42	11.76^a±0.61				

A média em cada linha com diferentes sobrescritos varia significativamente em valores p < 0,05. Novamente, os valores médios com o mesmo sobrescrito em cada linha não diferem significativamente a p > 0,05. M.= Estrume, V.= Variedade, M.*V.=Interação de Estrume e Variedade.

O intervalo do número total de colinas nas diferentes variedades varia de 100,91 a 105,29. O sobrescrito mais ou menos semelhante foi observado em cinco variedades, o que indica que não houve diferenças significativas (p>0,05) entre essas cinco variedades. O número de colinas dos híbridos Napier (105,29) foi o mais alto e o wruk-wona (100,91) foi o mais baixo entre essas cinco variedades. Além disso, como um todo, o n° de colina do híbrido Napier com bioslurry (107,27) foi o mais alto e o Napier Vietnam (96,50) com o mesmo estrume foi o mais baixo.

4.4 N.º de talhão/colina

A tabela 4.2 mostra o número de perfilhos/hill de diferentes tratamentos com diferentes variedades. A variação do número geral observado de lavoura/hill em diferentes tratamentos foi de 11.07 a 12.07. O mesmo sobrescrito observado em todos os tratamentos indica que não houve significância (p>0.05) entre estes cinco tratamentos. O número de até/hill de bioslurry (12.07) foi o mais alto e o de broiler dropping (11.07) foi o mais baixo entre estes cinco tratamentos. A variação do número total de perfilhos/hill em diferentes variedades varia de 10,27 a 14,65. O sobrescrito diferente foi observado em cinco variedades indica que houve diferenças significativas (p<0,05) entre essas cinco variedades. O número de perfilhos/hill dos híbridos Napier (14,65) foi o mais alto e o Napier Vietnam (10,27) foi o mais baixo entre estas cinco variedades. Além disso, como um todo, o n.º de perfilhos/colinas do híbrido Napier com grupo de controlo (15,13) foi o mais elevado e o Bajra (8,80) com queda de poedeiras e o Wruk-wona (8,80) com queda de frangos foram os mais baixos.

4.5 Peso da haste

O peso do caule de diferentes tratamentos com diferentes variedades é mostrado na tabela 4.3. A variação do peso total do caule observado nos diferentes tratamentos foi de 517,60 a 591,13 g/kg. Os diferentes sobrescritos observados no grupo de controlo e no grupo de adubo orgânico indicam que houve diferenças significativas (p<0,05) entre estes dois grupos. O mesmo sobrescrito observado no tratamento com chorume biológico e no tratamento com queda de poedeiras indica que não houve diferenças significativas (p>0,05) entre os grupos de estrume orgânico. O peso do caule do tratamento de queda dos frangos (591,13 g/kg) foi o mais elevado e o tratamento de controlo (517,60 g/kg) foi o mais baixo entre estes cinco tratamentos. A gama de peso total do caule nas diferentes variedades varia entre 514,27 e 579,60 g/kg. Os diferentes sobrescritos observados em cinco variedades indicam que existem diferenças significativas (p<0,05) entre estas cinco variedades. O peso do caule da Napier vietnam (579,60 g/kg)) foi o mais elevado e o da MerkEron (514,27 g/kg)) foi o mais baixo entre estas cinco variedades. Além disso, no seu conjunto, o peso do caule da Napier vietnamita com estrume (623,67 g/kg) foi o mais elevado e o da Wruk-wona (457,33 g/kg) com estrume de controlo foi o mais baixo.

4.6 Peso da bainha

O peso da bainha de diferentes tratamentos com diferentes variedades é mostrado na tabela 4.3. A variação do peso total da bainha observado nos diferentes tratamentos foi de 146,26 a 176,86 g/kg. Os diferentes sobrescritos observados nos grupos de controlo e de adubo orgânico indicam que não houve diferenças significativas (p>0,05) entre estes dois grupos. Os diferentes sobrescritos observados nos tratamentos com adubo orgânico indicam que houve diferenças significativas (p<0,05) entre os grupos de adubo orgânico. O peso da bainha do tratamento com bioslurry (176,86 g/kg) foi o mais elevado e o tratamento com baba de cabra (146,26 g/kg) foi o mais baixo entre estes cinco tratamentos. A gama de peso total da bainha nas diferentes variedades varia de 143,86 a 177,40 g/kg. Os diferentes sobrescritos observados nas variedades indicam que houve diferenças significativas (p<0,05) entre estas cinco variedades. O peso da bainha da Wruk-wona (177,40 g/kg)) foi o mais alto e o da híbrida Napier (143,86 g/kg)) foi o mais baixo entre estas cinco variedades. Além disso, no seu conjunto, o peso da bainha da Bajra com estrume (194,67 g/kg)) foi o mais elevado e o da híbrida Napier (143,86 g/kg)) com estrume de controlo foi o mais baixo.

Quadro 4.3 Efeito de diferentes tipos de adubo orgânico nas fracções botânicas de diferentes cultivares de Napier

Parameter	Variety	Type of Manure					Mean	Level of significance		
		Control	Bio-slurry	Layer dropping	Broiler dropping	Goat dropping		M.	V.	M*V
Stem wt. (g/kg)	N. Hybrid	498.33±14.81	535.33±23.84	531.33±8.19	603.67±36.19	580.33±22.75	549.80^{ab}±21.15	0.0007	0.0002	0.1016
	N. Vietnam	538.00±11.14	557.33±0.67	623.67±31.86	599.67±19.88	579.33±25.09	579.60^{a}±17.73			
	MerkEron	512.67±16.59	486.67±36.01	507.33±34.74	554.00±12.06	510.67±47.25	514.27^{c}±29.33			
	Wruk-wona	457.33±15.03	567.67±14.50	531.33±29.45	572.67±15.76	512.33±14.65	528.27^{bc}±17.89			
	Bajra	581.67±11.92	593.33±43.35	507.33±22.69	625.67±27.60	586.67±24.77	578.93^{a}±26.06			
	Mean	517.60^{c}±13.89	548.70^{bc}±23.67	540.20^{bc}±25.38	591.13^{a}±22.30	553.87^{b}±26.90				
Sheath wt. (g/kg)	N. Hybrid	148.00±6.43	158.00±8.08	163.33±4.37	130.67±9.82	119.33±5.21	143.86^{b}±6.78	0.0007	0.0002	0.1016
	N. Vietnam	175.67±11.40	177.33±11.33	140.67±20.73	158.33±13.02	144.00±11.13	159.20^{ab}±13.52			
	MerkEron	117.33±11.57	194.00±15.09	180.67±30.82	146.67±10.97	156.67±8.74	159.07^{ab}±15.44			
	Wruk-wona	181.67±13.02	194.67±7.68	176.00±16.04	172.00±19.21	162.67±4.05	177.40^{a}±12.00			
	Bajra	144.00±9.00	160.33±34.69	194.67±21.97	149.67±27.81	148.67±6.96	159.46^{ab}±20.08			
	Mean	153.33^{bc}±10.28	176.86^{a}±15.37	171.07^{ab}±18.78	151.46^{bc}±16.16	146.26^{c}±7.22				
Leaf wt. (g/kg)	N. Hybrid	353.67±9.17	306.67±16.71	305.33±4.05	265.67±28.61	301.00±21.12	306.47^{b}±15.93	<0.0001	<0.0001	0.2311
	N. Vietnam	301.67±10.13	265.33±11.68	235.67±16.37	242.00±12.49	276.67±18.12	264.27^{c}±13.76			
	MerkEron	371.33±26.57	321.33±19.88	313.33±23.67	299.33±6.77	344.67±36.44	330.00^{a}±22.67			
	Wruk-wona	360.67±13.28	241.67±14.31	292.67±34.37	252.67±10.67	325.00±17.56	294.53^{b}±18.04			
	Bajra	274.67±2.91	244.00±12.70	299.33±11.21	224.67±0.88	264.67±18.34	261.47^{c}±9.21			
	Mean	332.40^{a}±12.41	275.80^{cd}±13.05	289.27^{bc}±17.93	256.87^{d}±11.88	302.40^{b}±22.32				

A média em cada linha com diferentes sobrescritos varia significativamente em valores p < 0,05. Novamente, os valores médios com o mesmo sobrescrito em cada linha não diferem significativamente a p > 0,05. M.= Estrume, V.= Variedade, M.*V.=Interação de Estrume e Variedade.

4.7 Peso da folha

O peso da folha de diferentes tratamentos com diferentes variedades é mostrado na tabela 4.3. A variação do peso total das folhas observado nos diferentes tratamentos foi de 332,40 a 256,87 g/kg. Os diferentes sobrescritos observados no grupo de controlo e no grupo de adubo orgânico indicam que houve diferenças significativas (p<0,05) entre estes dois grupos. Os diferentes sobrescritos também observados no grupo de adubo orgânico indicam que houve diferenças significativas (p<0,05) entre os grupos de adubo orgânico. A massa foliar do tratamento de controlo (332,40 g/kg) foi a mais elevada e a do tratamento de queda dos frangos (256,86 g/kg) foi a mais baixa entre estes cinco tratamentos. A variação do peso total das folhas nas diferentes variedades varia de 261,47 a 330,30 g/kg. Os diferentes sobrescritos observados em cinco variedades indicam que houve diferenças significativas (p<0,05) entre essas cinco variedades. O peso da folha da MerkEron (330,30 g/kg) foi o mais elevado e a Bajra (261,47 g/kg) foi o mais baixo entre estas cinco variedades. Além disso, como um todo, o peso das folhas da MerkEron com tratamento de controlo (371,33 g/kg) foi o mais elevado e a Bajra (224,67 g/kg) com tratamento de queda de frangos foi o mais baixo. A proporção de folhas é importante para determinar os valores nutritivos da forragem. Em geral, há um declínio progressivo na proporção de folhas à medida que as plantas se desenvolvem a partir de uma fase vegetativa folhosa até à maturidade (Blaser, 1964). No entanto, o crescimento da folha e do caule pode variar devido a factores ambientais, particularmente a fertilidade do solo (Batten et al., 1984). Islam *et al.,* (2003); Mwendia *et al.,* também afirmaram que a proporção de fracções foliares está positivamente correlacionada com a concentração de PC vegetal e energia digestível e, por sua vez, determina a ingestão e o desempenho animal.

4.8 Matéria seca (MS)

O teor de matéria seca dos diferentes tratamentos com diferentes variedades é apresentado no quadro 4.4. A variação do teor global de matéria seca observado nos diferentes tratamentos foi de 12,80 a 15,10%. Os diferentes sobrescritos observados no grupo de controlo e no grupo do estrume orgânico indicam que houve diferenças significativas (p<0,05) entre estes dois grupos. O mesmo sobrescrito observado no tratamento com chorume biológico e no tratamento com excrementos de frango indica que não houve diferenças significativas (p>0,05). O teor de matéria seca do tratamento de controlo (15,10%) foi o mais elevado e o do tratamento de queda das poedeiras (12,80%) foi o mais baixo entre estes cinco tratamentos. A variação do teor global de matéria seca em diferentes variedades varia de 13,09 a 15,13%. A existência de diferenças significativas (p<0,05) entre as cinco variedades indica que foram observadas diferenças quase diferentes entre as cinco variedades. O teor de matéria seca da Bajra (15,13%) foi o mais elevado e o da MerkEron (13,09%) foi o mais baixo entre estas cinco variedades. Além disso, como um todo, o conteúdo de matéria seca do Bajra com queda de cabras (17,18%) foi o mais alto e o Napier Vietnam (11,39%) com tratamento de queda de camadas foi o mais baixo. No entanto, a produção de MS do capim Napier está positivamente correlacionada com a fertilidade do solo (Bogdan, 1977). Islam *et al.,* (2003) observaram que o capim Napier contém em média 20% de MS. Encontrámos um teor mais baixo de MS em comparação com esta experiência. A produção de matéria seca na cultivar experimental Napier-Hybrid foi menor em comparação com o resultado de Schreuder *et al.* (1993).

4.9 Proteína bruta

O conteúdo de proteína bruta de diferentes tratamentos com diferentes variedades é mostrado na tabela 4.4. A variação do teor geral de proteína bruta observado nos diferentes tratamentos foi de 10,91 a 12,36%. Foram observadas diferenças significativas (p<0,05) entre o grupo de controlo e o grupo de adubo orgânico. O mesmo sobrescrito foi observado no tratamento de controlo, no tratamento com estrume biológico e no tratamento com poedeiras, o que indica que não houve diferenças significativas (p>0,05). O teor de proteínas brutas do tratamento de abandono de frangos de carne (12,36%) foi o mais elevado e o tratamento de abandono de cabras (10,91%) foi o mais baixo entre estes cinco tratamentos. O intervalo do teor global de proteína bruta nas diferentes variedades varia entre 11,05 e 11,74%. O mesmo sobrescrito foi observado em cinco variedades, o que indica que não houve diferenças significativas (p>0,05) entre essas cinco variedades. O teor de proteína bruta de Napier Vietnam e Bajra (11,74%) foi o mais elevado e o de wruk-wona (11,05%) foi o mais baixo entre estas cinco variedades.

Quadro 4.4 Efeito de diferentes tipos de adubo orgânico no valor nutritivo de diferentes cultivares de Napier

Parameter	Variety	Type of Manure					Mean	Level of significance		
		Control	Bio-slurry	Layer dropping	Broiler dropping	Goat dropping		M.	V.	M*V
DM (%)	N. Hybrid	15.53±1.78	14.74±0.60	13.01±0.62	14.16±1.69	14.32±0.71	14.35[ab]±1.08	0.0427	0.0420	0.5353
	N. Vietnam	14.49±1.54	12.64±0.60	11.39±1.17	13.68±0.38	13.33±0.89	13.10[b]±0.92			
	MerkEron	13.91±0.82	13.49±1.87	12.14±1.26	13.54±0.75	12.39±0.70	13.09[b]±1.08			
	Wruk-wona	14.70±0.60	14.72±1.29	11.67±1.33	13.70±1.13	14.24±0.81	13.80[ab]±1.03			
	Bajra	16.89±1.33	13.48±0.95	15.79±0.55	12.32±1.10	17.18±2.47	15.13[a]±1.28			
	Mean	15.10[a]±1.21	13.81[ab]±1.06	12.80[b]±0.98	13.48[ab]±1.01	14.29[ab]±1.12				
CP (%)	N. Hybrid	11.69±1.37	11.84±0.49	12.18±0.22	10.94±1.07	10.67±0.45	11.47[a]±0.72	0.0186	0.4422	0.0117
	N. Vietnam	10.63±0.30	11.63±0.82	11.30±1.27	15.07±0.60	10.05±0.59	11.74[a]±0.71			
	MerkEron	11.54±0.86	10.40±0.23	12.16±0.38	11.88±0.44	10.19±0.32	11.23[a]±0.45			
	Wruk-wona	10.91±0.63	11.22±0.85	10.94±0.28	10.66±0.18	11.49±0.63	11.05[a]±0.51			
	Bajra	10.46±0.15	11.66±0.82	11.18±0.30	13.23±1.30	12.16±0.63	11.74[a]±0.64			
	Mean	11.05[b]±0.66	11.35[b]±0.64	11.55[ab]±0.49	12.36[a]±0.72	10.91[b]±0.52				
Ash (%)	N. Hybrid	8.16±0.70	9.97±0.85	8.83±1.57	8.87±1.06	11.33±0.94	9.43[a]±1.02	0.2357	0.8881	0.5942
	N. Vietnam	9.92±0.92	9.19±0.88	10.26±1.33	11.00±2.10	9.13±1.43	9.90[a]±1.33			
	MerkEron	8.49±0.89	10.34±0.30	11.14±0.14	10.17±0.51	9.46±1.29	9.92[a]±0.63			
	Wruk-wona	9.12±0.84	8.84±0.80	10.00±1.31	10.77±1.55	8.32±1.01	9.41[a]±1.10			
	Bajra	8.12±0.83	11.32±1.20	10.00±1.05	9.77±1.18	8.14±0.77	9.47[a]±1.00			
	Mean	8.76[a]±0.84	9.93[a]±0.81	10.05[a]±1.08	10.12[a]±1.28	9.28[a]±1.09				

As médias em cada linha com diferentes sobrescritos variam significativamente com valores p < 0,05. Novamente, os valores médios com o mesmo sobrescrito em cada linha não diferem significativamente a p > 0,05. M.= Estrume, V.= Variedade, M.*V.=Interação de Estrume e Variedade.

Além disso, no seu conjunto, o teor de proteínas brutas do Napier Vietname com a queda de frangos de carne (15,07%) foi o mais elevado e o da mesma variedade com o tratamento de queda de cabras (10,05%) foi o mais baixo. Estes valores de PC são mais elevados do que o nível de PC nas forragens grosseiras, o que afecta a ingestão pelos animais. Milford e Minson (1966) afirmaram que 7% de PC era um nível crítico na forragem. Se o teor de PC da erva for inferior a 7%, são factores que limitam a produção animal devido à baixa ingestão voluntária, à menor taxa de digestibilidade e ao balanço negativo de N. O valor nutritivo das gramíneas tropicais é determinado principalmente pelo teor de PB (Leng et al., 1993). Um aumento na taxa de fertilização com N aumentará o teor de PB do capim napier, embora o mesmo efeito não ocorra com P e K (Pieterse e Rethman, 2002). É necessário um teor mínimo de PB de 15% para a lactação e o crescimento do gado (Norton 1982; Van Soest 1982). Assim, o teor de PB é ligeiramente inferior ao resultado anterior.

4.10 Cinzas

O teor de cinzas dos diferentes tratamentos com diferentes variedades é apresentado no quadro 4.4. O intervalo do teor global de cinzas observado nos diferentes tratamentos foi de 8,76 a 10,12%. O mesmo sobrescrito foi observado em todos os tratamentos, o que indica que não houve diferenças significativas (p>0,05). O teor de cinzas do tratamento de queda dos frangos (10,12%) foi o mais elevado e o tratamento de controlo (8,76%) foi o mais baixo entre estes cinco tratamentos. O intervalo do teor global de cinzas nas diferentes variedades varia entre 9,41 e 9,92%. O mesmo sobrescrito foi observado em cinco variedades, o que indica que não houve diferenças significativas (p>0,05) entre essas cinco variedades. O teor de cinzas do MerkEron (9,92%) foi o mais elevado e o Bajra (9,41%) foi o mais baixo entre estas cinco variedades. Além disso, como um todo, o teor de cinzas do híbrido Napier com queda de cabras (11,33%) foi o mais alto e o Bajra com o mesmo tratamento (8,14%) foi o mais baixo. A gama média do teor de cinzas varia entre 12 e 20%, o que é superior ao nosso resultado. (Feedipedia)

4.11 ADF

O teor de ADF dos diferentes tratamentos com diferentes variedades é apresentado no quadro 4.5. O intervalo do teor global de ADF observado nos diferentes tratamentos foi de 43,31 a 46,87%. Os diferentes sobrescritos observados em todos os tratamentos indicam que existem diferenças significativas (p<0,05) entre estes tratamentos. O teor de ADF do tratamento com bioslurry (46,87%) foi o mais elevado e o tratamento com bosta de cabra (43,31%) foi o mais baixo entre estes cinco tratamentos. O intervalo do teor global de ADF nas diferentes variedades varia entre 42,89 e 48,36%. Os diferentes sobrescritos observados em cinco variedades indicam que existem diferenças significativas (p<0,05) entre estas cinco variedades. O teor de ADF do Napier vietnamita (48,36%) foi o mais elevado e o do Napier híbrido (42,89%) foi o mais baixo entre estas cinco variedades. Além disso, como um todo, o teor de ADF da Napier vietnam com bioslurry (50,79%) foi o mais elevado e a MerkEron com tratamento de controlo (40,01%) foi o resultado mais baixo. A fração média de ADF foi de 41,9% (Wijtphan S., Lorwilai P.e Arkaseang c., 2009). Queiro Filho *et al.* (1998), que cortaram o capim-elefante Roxo ao nível do solo com 40 dias de intervalo e a ADF% foi de 41,6%. Estes resultados são quase semelhantes ao nosso resultado.

4.12 NDF

O teor de NDF dos diferentes tratamentos com diferentes variedades é apresentado no quadro 4.5. A variação do teor global de NDF observado nos diferentes tratamentos foi de 52,87 a 56,96%. Os diferentes sobrescritos observados em todos os tratamentos indicam que existem diferenças significativas (p<0,05) entre estes tratamentos. O teor de FDN do tratamento com bioslurry (56,96%) foi o mais elevado e o tratamento de controlo (53,87%) foi o mais baixo entre estes cinco tratamentos. O intervalo do teor global de FDN nas diferentes variedades varia entre 52,51 e 57,05%. Os diferentes sobrescritos observados em cinco variedades indicam que existem diferenças significativas (p<0,05) entre estas cinco variedades. O teor de FDN do Napier vietnamita (57,05%) foi o mais elevado e o do Napier híbrido (52,51%) foi o mais baixo entre estas cinco variedades. Além disso, no seu conjunto, o teor de NDF da Napier vietnam com bioslurry (62,16%) foi o mais elevado e o MerkEron com tratamento de controlo (50,39%) foi o resultado mais baixo.

Quadro 4.5 Efeito de diferentes tipos de adubo orgânico no teor de ADF e NDF de diferentes cultivares de Napier

Parameter	Variety	Type of Manure					Mean	Level of significance		
		Control	Bio-slurry	Layer dropping	Broiler dropping	Goat dropping		M.	V.	M*V
ADF (%)	N. Hybrid	45.66±3.31	46.69±2.49	41.46±0.55	40.07±0.84	40.55±0.32	42.89^c±1.50	0.0413	<0.0001	0.3853
	N. Vietnam	48.84±1.14	50.79±1.49	49.38±1.39	47.35±2.04	45.42±3.50	48.36^a±1.91			
	MerkEron	40.01±0.23	45.52±1.54	43.72±2.27	45.63±2.64	42.00±0.90	43.38^{bc}±1.51			
	Wruk-wona	43.40±1.85	44.13±0.56	46.13±2.52	44.27±2.20	42.83±1.27	44.15^{bc}±1.68			
	Bajra	45.66±1.85	47.20±1.45	44.64±0.57	44.23±0.13	45.76±0.91	45.50^b±0.98			
	Mean	44.72^{ab}±1.67	46.87^a±1.51	45.06^{ab}±1.46	44.30^b±1.57	43.31^b±1.38				
NDF (%)	N. Hybrid	51.91±1.29	53.79±1.87	51.75±0.15	51.42±0.63	53.69±0.63	52.51^c±0.91	0.0205	0.0045	0.5821
	N. Vietnam	55.95±0.24	62.16±1.55	54.86±1.79	56.58±1.51	55.67±2.67	57.05^a±1.55			
	MerkEron	50.39±0.46	51.50±1.41	53.92±1.52	54.91±0.88	55.48±2.00	53.24^{bc}±1.25			
	Wruk-wona	52.08±0.87	57.95±3.11	55.09±4.60	54.48±1.19	54.86±1.36	54.89^{abc}±2.23			
	Bajra	54.02±0.89	59.39±4.34	53.13±1.80	54.82±0.76	55.00±1.85	55.27^{ab}±1.92			
	Mean	52.87^b±0.75	56.96^a±2.45	53.75^b±1.97	54.44^{ab}±0.99	54.94^{ab}±1.70				

A média em cada linha com diferentes sobrescritos varia significativamente em valores p < 0,05. Novamente, os valores médios com o mesmo sobrescrito em cada linha não diferem significativamente a p> 0,05. M.= Estrume, V.= Variedade, M.*V.=Interação de Estrume e Variedade.

Todos os valores de NDF estavam abaixo da média de 66,2% para gramíneas tropicais dada por Barton et al (1976). O limiar de NDF em gramíneas tropicais para além do qual a ingestão de MS pelo gado é afetada é de 60% (Meissner et al. 1991). A fração média de FDN foi de 72,30% na experiência de Wijitphans. Filho *et al.* (1998) obtiveram 71,80% de FDN após 40 dias de intervalo de corte, o que é superior ao nosso resultado.

CAPÍTULO 5

RESUMO E CONCLUSÃO

O objetivo da experiência era investigar o efeito do adubo orgânico na produção de biomassa e no valor nutritivo das cinco cultivares Napier em causa. Para este estudo, as amostras foram colhidas no campo de investigação e depois cortadas finamente e, por fim, enviadas para análise química posterior.

O resultado também discutiu a variação nas características morfológicas de Napier Hybrid, Napier Vietnam, MerkEron, Wruk-Wona, Bajra de acordo com o estrume aplicado.

A experiência também expressou as diferenças de conteúdo de nutrientes para diferentes variedades e foi revelada uma variação geral de conteúdo de nutrientes para todas as cultivares Napier. Os diferentes estrumes mostraram a variação do teor de nutrientes, da produção de biomassa, do número de colinas, do número de perfilhos e da altura das plantas.

Pode concluir-se do estudo que as gramíneas tratadas com estrume em camadas tiveram o resultado mais elevado em termos de crescimento. Isto pode dever-se ao elevado nível de mineralização do estrume em camadas, em comparação com os outros tipos de estrume que não se tinham decomposto completamente.

Também se pode concluir que o capim Napier, com a aplicação correcta de adubo orgânico, é uma boa escolha para o estabelecimento de pastagens.

Dos resultados deste estudo podem também ser retiradas as seguintes conclusões:

1. Rendimento de biomassa, no caso do estrume aplicado, a ordem foi: estrume de poedeiras > estrume de cabras > estrume de frangos > fertilizante de controlo> chorume biológico.

No caso das variedades, a ordem foi Napier Hybrid>Bajra>Wruk-wona>MerkEron>Napier Vietnam.

2. Encontrámos a maior altura de planta quando utilizámos o fertilizante de controlo e a menor quando foi aplicado o Bioslurry.

3. Foi encontrado um resultado quase semelhante no caso do número hiller.

4. O número de perfilhos por colina foi maior no Napier Hybrid e menor no Napier Vietnam. O número de perfilhos foi maior quando o Bioslurry foi usado e menor no Broiler dropping.

5. O peso do caule foi mais elevado quando utilizámos a queda de frangos e mais baixo no caso do fertilizante de controlo. Encontrámos o maior peso de caule no Vietname de Napier.

6. O peso das folhas foi comparativamente mais elevado quando utilizámos o fertilizante de controlo do que o adubo orgânico.

7. O teor de MS foi comparativamente mais elevado quando utilizámos o Fertilizante de Controlo do que o estrume orgânico. A MS foi maior em Bajra e menor em MerkEron.

8. O rendimento em PC foi mais elevado quando utilizámos a queda de frangos e mais baixo quando utilizámos a queda de cabras. O teor de PB foi maior em Napier Vietnam e Wruk-wona e menor em MerkEron.

9. O teor de cinzas foi mais elevado quando se utilizou a queda de frangos e mais baixo quando se utilizou o fertilizante de controlo. O conteúdo de cinzas dos diferentes foi quase semelhante.

A partir dos resultados, pode concluir-se que, independentemente da variedade e da aplicação de estrume, se o híbrido Napier for cultivado com estrume de poedeiras, apresenta os melhores desempenhos em termos de rendimento de biomassa e o Napier Vietnam cultivado com excrementos de frangos de carne em termos de PC.

REFERÊNCIAS

Anderson, W. F., Dien, B. S., Brandon, S. K. e Peterson, J. D. 2008. Assessment of tropical grasses as feed in ruminant animals (Avaliação de gramíneas tropicais como alimento para animais ruminantes). Applied Biochemistry and Biotechnology. 145: 13-21.

Andrade, A. C., Fonseca, D. M., Queiroz, D. S., Salgado, L. T. e Cecon, P. R. 2003. Adubação nitrogenada e potássica do capim-elefante *(Pennisetum purpureum)*. Ciência e Agrotecnologia. 2003. 27: 1643-1651.

Batten, G.D., Khan, M.A., e B.R. Cullis. 1984. Respostas de rendimento de genótipos modernos de trigo ao fertilizante fosfatado e suas implicações para o melhoramento. Euphytica 33: 81-89. 10.1007/BF00022753.

Blazer, R.E. 1964. Effects of fertility levels and stage of maturity on forage nutritive value. J. Anim. Sci. 23: 246-253.

Bogdan, A. V. 2000. Erva de Rhodes. Commonwealth Bureau of Pastures and Field Crops. Hurley, Berkshire, Inglaterra. Herbage Abstracts. 39(1): 1-13.

Bogdan, A.V. 1977. Tropical pasture and forder plants. Longman Inc: NewYork, USA.

Boonman, J. G. 1993. Gramíneas e forragens da África Oriental: Their ecology and husbandry. Kluwer academic Publishers, Dortrecht, Holanda. pp. 343.

Boonman, J. G. 1994. Criação de capim-elefante. In: East Africa's Grasses and Fodders: Their Ecology and Husbandry. Boonman, J. G. (Editor). Kiuwer Academic Publisher, Países Baixos. pp. 235-257.

Barongo M. Angelique. 2003. Gestão de Forragens. Autoridade de Desenvolvimento de Recursos Animais do Ruanda. pp. 9-15

Bostock, P. D. e Holland, A. E. 2007. Censo da Flora de Queensland 2007. Herbário de Queensland, Agência de Proteção Ambiental (EPA), Brisbane, Queensland, Austrália. pp. 42-47.

Campos, F. P., Lanna, D. P. D., Bose, M. L. V., Boin, C. e Sarmento, P. 2002. Degradabilidade do capim-elefante em diferentes estádios de maturação avaliada pela técnica de gases *in vitro*. Scientia-Agricola. 59(2): 217-225.

Carvalho, Cab-de, Menezes, JB-de-ox-de, Coser, A. C., de-Carvalho, C.A.B. e de-Menezes, JB-de-ox. 2000. Efeito da adubação e da frequência de corte no rendimento e valor nutritivo do capim-elefante. *Ciência e Agrotecnologia,* 24: 233-241.

Chaparro, C. J., Sollenberger, L. E. e Quesenberry, K. H. 1996. Interceção da luz, estado de reserva e persistência de pastos de capim-elefante. Crop Sci., 36: 649-655.

Clatworthy, J. N,. 1998. Pastos plantados para a produção de carne de bovino. Manual de Produção de Carne Bovina. Associação de Produtores de Gado. Harare, Zimbabué.

Cuomo, G. J., Blouin, D. C. e Beatty, J. F. 1996. Potencial forrageiro do capim Napier anão e de um híbrido de milheto x capim Napier. Agron. J., 88: 434438.

Deverathinam, A. A. e Dorairaj, S. M. 1992. Efeito de vários fertilizantes no rendimento e na qualidade do capim Napier. Madras Agric. J. 79: 367-368.

Fakir, M. A. K. 1979. Ghasher Chash, Pustica, CCBS, Savar, Dhaka, Bangladesh. pp. 1-9.

Ferraris, R., M. J. Mathony e J. T. Wood (1986). Efeito da temperatura e da radiação solar no desenvolvimento da matéria seca e nos atributos do capim-elefante *(Pennisetum purpureum* Schun.). *Aust. Jour. Agric. Res.* 37: 621632.

Ferraris, R. 1980. Efeito do intervalo de colheita, taxas de azoto e tempos de aplicação em *Pennisetum purpureum* cultivado como uma cultura agroindustrial. Field Crops Res., 3: 109-120.

Goering, H. K. e P. J. Van Soest. 1970. Análise da fibra de forragem (Aparelho, reagente, procedimentos e algumas aplicações). Agric. Handbook, No. 379, ARS-USDA, Washington, DC.

Goldson, J.R. 1977. Capim Napier *(Pennisetum purpureum K. Schum)* na África Oriental: A review Pasture Research Project Technical Report No. 24.National Agricultural Research Station, Kitale, Kenya.

Grant, R. J., Van Soest, P. J., McDowell, R. E. e Perez, C. B. 1974. Intake, digestibility and metabolic loss of Napier grass by cattle and buffaloes when fed wilted, chopped and whole. Anim. Sci. J. 39: 423-430.

Gwayumba W, Christensen DA, McKinnon JJ, Yu P. 2002. Consumo de matéria seca, digestibilidade e produção de leite por vacas Friesian alimentadas com duas variedades de erva Napier. Asian-Aust. J. Anim. Sci., 15(4): 516-521.

Hanna W. W., Chaparro C. J., Mathews B. W., Burns J. C., Sollenberger L. E., Carpenter J. R. 2004. Pennisetums perenes. In: Moser L. E., Burson B. L., Sollenberger L. E., editores. Gramíneas de estação quente (C4). Madison, Sociedade Americana de Agronomia: Série de monografias; 34: 503-535.

Haque, K.S., Sarkar, N.R. e Hossain, S. M. J. 2009. Uccho Folonshil Ghaser Chash Pustika, BLRI, Savar, Dhaka, Bangladesh. pp. 3-5.

Henderson, M. W. S., Preston. S. 1977. Gestão na exploração e persistência do capim Napier híbrido (Pennisetum purpureum x P. americanum varCO-3) no distrito de Kurunegala. In: Proc. 11th Sessões anuais de investigação, Departamento de Ciência Animal, Univ. de Peradeniya, 1977. pp. 61-62.

Humphreys, L. R., 1994. Tropical Forage: Their Role in Sustainable Agriculture. Harlow, Longman, Reino Unido. pp. 23-27.

Humphreys, L. R. e Patridge, I. J. 1994. A Guide to better pasture for the tropics and sub tropics. Publicado por NSW Agriculture 5th edition: Grasses for the tropics: Guinea grass *(Panicum maximum)*.

Idota, S., H. Hasyim, A. Wadi, Y. Ishii. 2005. Propriedades minerais e seu equilíbrio no estrume, solo, planta e água de capim napier cultivado em vaso *(Pennisetum purpureum* Schumach). *Grassi. Sci.* 51: 259-267.

Ishii, Y., Sanusi, A. A. Ito, K. 1999. Efeito da quantidade e do intervalo de aplicação de fertilizantes químicos na absorção de N e no teor de nitrato-N em perfilhos de capim napier *(Pennisetum purpureum* Schumach). *Grassi. Sci.* 45: 26-34.

Islam MR, Saha CK, Sarker NR, Jalil MA, Hasanuzzaman M. 2003. Efeito da variedade na proporção das fracções botânicas e no valor nutritivo de diferentes capins Napier (Pennisetum purpureum) e relação entre as fracções botânicas e o valor nutritivo. Asian- Aust. J. Anim. Sci., 16(6): 837-842.

Islam, M. R., E. Owen, D. I. Givens e A. R. Moss. 1996. Effects of variety, sowing date and fertilizer nitrogen on botanical fractions of aat straw. Anim. Sci. 62: 687.

Jayanthi, C. 2003. Produtividade do capim híbrido Bajra-Napier sob diferentes métodos de plantio e tempo de aplicação de fertilizantes. *Grassi. Sci.* 78: 33-54.

John, K. 2008. Relação genética entre atributos de rendimento forrageiro e análise do coeficiente de caminho em quatro gramíneas perenes (Napier, German, Guinea e Splendida). Departamento de Genética e Melhoramento de Plantas, Estação Regional de Investigação Agrícola, Tirupati, Índia. Regional Agril Res. Station, Tirupati, Índia. Agric. Sci. Digest. 28(1): 14-17.

Jones, P., Devonshire, B. J., Holman, T. J. e Ajanga, S. 2004. Efeitos da alimentação de Napier nos trópicos húmidos. New Dis. Rep. 9: 14-16.

Kabirizi, J. M., Bareeba, F. B., Sabiiti, E. N., Ebong, C., Namagembe, A. e Kigongo, J. 2000. Effect of supplementing elephant grass based diets with Lablab hay to crossbred lactating dairy cows. Uganda Agril Sci. J. 5: 9-15.

Khaleduzzaman, A. B. M., Islam, N. Khandaker, Z. H. e Akbar, M.A. 2007. Efeito de diferentes doses de fertilizante de azoto e fósforo no rendimento e na qualidade do capim Napier *(Pennisetum purpureum)*. Bangladesh Anim. Sci. J. 36(1): 41-49.

Khan, M. J. 2009. Fodder Germplasm in SAARC Countries (Ed). SAARC Agril. Centre, BARC Campus, Farmgate, Dhaka-1215, Bangladesh. pp. 58-66.

Leng, R.A., N. Jessop, e J. Kanjanapruthipong. 1993. Control of feed intake and the efficiency of utilization of feed by ruminants. Universidade de New England, Armidale, Austrália. p. 70-88. In: D.J. Farrell (ed.). Recent Advances in Animal Nutrition in Australia (Avanços recentes na nutrição animal na Austrália).

Liu QH, Zhang JG, Lu XL. 2009. Os efeitos da inoculação de bactérias do ácido lático na qualidade da fermentação e na estabilidade aeróbica da silagem de erva-rei. Ata Pratacul. Sin. 18(4):131-137.

Lucia, Queensland, Austrália, 1981, sobre os limites nutricionais da produção animal a partir de pastagens. pp. 89-110.

Matsuda, Y., F. Kubota, W. Agata, K. Ito. 1991. Estudo analítico da alta produtividade do capim napier *(Pennisetum purpureum* Schumach). J*". Japão. Grassi. Sci.* 37: 150-156.

McDonald P., Edwards R. A. e Greenhalgh J. F. D. 1988. Animal Nutrition (4th edition). Longman Publisher. pp. 200-250.

Meissner H.H, Koster H.H, Nieuwoudt S.H e Coetze R.,. 1991. Effects of energy supplementation on intake and digestion of early and mid-season ryegrass and Panicum/Smuts finger hay, and on in sacco disappearance of various forage species. South African Journal of Animal Science 21: 3342.

Mendoza, P.E., Schank, S. C.. 1987. Produção e utilização de king grass e outros *Pennisetums* para a produção de carne e leite. Conferência Internacional sobre Pecuária e Aves nos Trópicos, pp. C35-C41.

Mielenz, J. R. 1997. Estudos de viabilidade para instalações de produção de biomassa para etanol na Flórida e no Havaí. Renewable Energy. 10: 279-284.

Minson, D. J. 1990. Forage in ruminant nutrition (Forragem na nutrição de ruminantes). Academic Press, San Diego, Canadá. pp. 482.

Miyagi, E. 1981. Estudos sobre a produtividade e o valor alimentar do capim napier *(Pennisetum purpureum* Schumach). 1. O efeito do fertilizante azotado no rendimento do capim napier. /. *Japão. Grassi. Sci.* 27: 216-226.

Mpairwe, D. R., Sabiiti, E. N., Ummuna, N. N., Tegegne, A. e Osuji, P. 2003. Integração de leguminosas forrageiras com culturas de cereais. Efeitos da suplementação com níveis graduais de feno de lablab na ingestão voluntária de alimentos, digestibilidade, produção e composição do leite de vacas mestiças. Livestock Production Sci. J. 79: 193-212.

Muinga, R. W., Topps, J. H., Rooke, J. A. e Thorpe, W. 1995. The effect of supplementation with *Leucaena leucocephala* and maize bran on voluntary food intake, digestibility, live weight and milk yield of *Bos indicus* x *Bos taurus* dairy cows and rumen fermentation in steers offered *Pennisetum purpureum* and *Andropogon gayanus* ad libitum in the semi-humid tropics. Anim. Sci. J. 60: 13-23.

Mwendia SW, Mwangi DM, Wahome RG e Wanyoike M. 2008. Avaliação da taxa de crescimento e dos rendimentos de três variedades de capim Napier nas Terras Altas Centrais do Quénia. E. Afr. Agric. For. J., 74(3): 211-217.

Norton BW (1982) Differences between species in forage quality. In: Actas de um simpósio internacional, St.

Olsen, B. e L. Paworth, 2000. Application of manures on forages in Southern Alberta Agriculture, food and Rural Development, Lethbridge *Agric. Jour,* 1(4): 324-327,2006.

Oyennuga, V. A. 1960. Efeito da fase de crescimento e da frequência de corte no rendimento e na composição química de algumas forragens nigerianas. Anim. Sci. J. 55: 339-350.

Paikar, K. 2010. Um estudo sobre as características fenotípicas e o teor de nutrientes de diferentes germoplasmas de forragem. Tese de Mestrado. Departamento de Anim. Nutrição Animal, Bangladesh Agril. Univ., Mymensingh, Bangladesh.

Pieterse, P.A., e N.F.G. Rethman. 2002. A influência da fertilização azotada e do pH do solo na produção de matéria seca e na qualidade da forragem de híbridos de *Pennisetum purpureum* e *P. purpureum x P. glaucum.* Trop. Grassl. 36: 8389.

Prasad, N. K., Patel, R. B. e Kumar, P. 1995. Avaliação do genótipo híbrido Napier sob diferentes níveis de azoto para a produção de forragem em condições de sequeiro. Indian Agron. J. 40(1): 164-165.

Reid, R.L., Post, A.J. & Mugerwa, J.S. 1973. Studies on the nutritional qualityof grasses and legumes in Uganda. I. Aplicação de técnicas de digestibilidade *in vitro* a efeitos de espécies e estádios de crescimento. Trop. Agric. (Trinidad). 50:1-15.

Sanusi, A. A., Ishii, Y. S., Fukagawa, S. Idota. 2006. Efeito posterior da aplicação de estrume no rendimento da matéria seca e na digestibilidade in vitro da matéria seca do capim napier *(Pennisetum purpureum* Schumach). *Bull. Fac. Agric., Univ. Miyazaki* 52: 41-46.

Sanusi, A. A., K. Ito, Y. Ishii, M. Uneo, E. Miyagi. 1999. Efeito do nível de fertilizante na produtividade de matéria seca de duas variedades de capim napier (*Pennisetum purpureum Schumach*). *Grassi. Sci.* 45: 35-41.

Sanusi, A. A., Ito, K., Tanaka, S., Ishii, Y., Ueno, M. e Miyagi, E. 1997. Rendimento e digestibilidade do capim napier *(Pennisetum purpureum)* afectados pelo nível de estrume e pelo intervalo de corte. Grassi. Sci. J. 43: 209-217.

Sarwar, M., M. A. Khan e Z. Iqbal 2002.Feed resources for livestock in pakistan. *Int. Journ. Agri. Biol.*, 4: 186-192.

Schank, S. C., Chynoweth, D. P., Turick, C. E. e Mendoza, P. E. 1993. Genótipo de capim Napier e partes de plantas para energia de biomassa. Biomass Bio-energy. 4: 1-7.

Schreuder, R., Snijders, P. J. M., Wouters, A. P., Steg A. e Kariuki, J. N. 1993. Variação na digestibilidade da MO, PC, rendimento e teor de cinzas do capim Napier (*Pennisetum purpureum*) e sua previsão a partir de factores químicos e ambientais. Relatório de Investigação, Estação Nacional de Investigação Zootécnica, Naivasha, Quénia. pp. 1-62.

Shokri Bin Jusoh 2005. Efeito da aplicação de estrume de ovelha na produção de erva napier anã (*Pennisetum purpureum* cv. Mott). *Jour. of Japanese Society of Grassld. Sci.,* 28 (1): 33-40.

Sidhy, B. S. 2003. Híbridos de forragem que precisam de promoção. "The Tribune", Edição Online, segunda-feira, 7 de abril de 2003.

Singh, D., Sing, V. e Joshi, Y. P. 2000. Efeito do azoto e dos intervalos de corte no rendimento e na qualidade do híbrido Napier. Orissa Univ. of Agric. and Technology, Índia. 14: 4-7.

Skerman, P. J. e Riveros, F. 1990. Tropical Grasses. Organização das Nações Unidas para a Alimentação e a Agricultura (FAO). Roma, Itália. pp. 832.

Sollenberger, L. E., Prine, G. M., Ocumpaugh, W. R., Hanna, W. W., Jones, C. S., Schank, S. C. e Kalmbacher, R. S. 1988. Capim-elefante anão "Mott": uma forragem de alta qualidade para as regiões subtropicais e tropicais. Agril. Exp. Station, Institute of Food and Agril. Sciences. Univ. da Florida, Gainesville. junho de 1988. pp. 243-257.

Sreenivasan. E., Muinga, R. W., Thorpe, W. e Topps, J. H. 1986. Desempenho da forragem Napier *(Pennisetum purpureum)* nos trópicos semi-húmidos. Agric. J. Kerala. 24: 118-121.

Srivas, S. K. e Singh, U. P. 2004. Características das gramíneas tropicais. Agroforestry J. 25(2): 149-153.

Ssekabembe, C. K. 1998. Efeito do método de plantação no estabelecimento de variedades de capim Napier. African Crop Sci. J. 6(4): 407- 415.

Synders, P. J. M., Orodho, A. B. e Woulters, A. P. 1992. Effect of manure application methods on the yield and quantity of Napier grass (Efeito dos métodos de aplicação de estrume no rendimento e quantidade de erva Napier). Instituto de Investigação Agrícola do Quénia (KARI). Centro Nacional de Investigação da Criação de Animais. Naivasha, 1992. pp. 24.

Tergas, L. E. e Urrea, G. A. 1985. Efeito do fertilizante sobre o rendimento e o valor nutritivo das forragens tropicais num ultisol da Colômbia. Tropical Anim. Prod. 10(68): 602-604.

Tessema, Z., Bears, R. M. T., Yami, A. 2003. Efeito da altura da planta no corte e do fertilizante no crescimento do capim Napier *(Pennisetum purpureum)*. Trop. Sci. J. 42: 57-61.

Thairu, D. M. e S. Tesema. 1985. Investigação sobre recursos de alimentação animal; Áreas de médio potencial do Quénia. In: Animal feed resources foe small scale livestock producers. Proc. O segundo seminário PANESA, 11-15 de novembro de 1985, Nairobi, Quénia. pp. 127-137.

Van de Wouw, M. Hanson, J. e Luethi S. 1999. Caracterização morfológica e agronómica de 9 acessos de capim Napier. 33: 150-158.

Van Soest PJ (1982) Nutritional ecology of ruminants. Corvallis, OR: O and B Books.

Vicente-Chandler, J., Silva, S. e Figarella, J. 1959. O efeito da fertilização azotada e da frequência de corte no rendimento e composição de três gramíneas tropicais. Agron. J. 51: 202-206.

Wadi, A., Ishii, S. e Idota, M. 2003. Efeitos do nível de fertilizante na produtividade de matéria seca do capim Napier e do capim-rei. Grassi. Sci. J. 48: 490-503.

Williams, C. N. 1980. Resposta dos fertilizantes do capim Napier em diferentes condições de solo no Brunei. Experimental Agriculture. 16: 415- 423.

Wolfang B. G. 1990. Napier grass: a promising forder for smallholder livestock production in the tropics. Plant Res. and Dev. J. 31: 103-112.

Woodard, K. R. e Prine, G. M. 1993. Acumulação de matéria seca de capim-elefante, cana-energia e tmillet-elefante no clima subtropical. Crop Sci. J. 33: 818-824.

Woodard, K. R. e Prine, G. M. 1991. Rendimento forrageiro e valor nutritivo do capim-elefante afectados pela frequência de colheita e pelo genótipo. *Agron. Jour.* 83: 541-546.

APÊNDICES

Apêndice 1: Composição química do fertilizante orgânico

Sl No.	Specification	Test result			
		Bio slurry	Broiler dropping	Layer dropping	Goat dropping
01	Physical condition	Dust	Dust	Dust	Dust
02	Colour	Black	Black	Black	Black
03	Moisture(%)	-	-	-	-
04	N(%)	1.6	1.19	1.63	2.31
05	P(%)	0.40	0.7	0.56	0.52
06	K(%)	0.66	0.75	1.02	0.82
07	Mg(%)	0.32	0.65	0.68	0.62
08	Ca(%)	5.03	9.65	8.86	7.74

(Fonte: s no : blri-apd/s:/3/2013/105

Departamento de Ciência do Solo, Joydebpur, Gazipur

Instituto de Investigação Agrícola do Bangladesh)

Apêndice 2: Dados analíticos da amostra de solo

Sl No.	Sample No.	pH	OC %	Ca	Mg	K	Total N%	P	ESC	B	Cu	Fe	Mn	Zn
				meq/100ml				μ/ml						
1	S-1	4.9	0.59	5.0	1.7	0.12	0.054	21.4	0.62					
2	S-2	4.9	0.96	4.8	1.6	0.15	0.087	22.4	0.82					
3	S-3	5.2	0.8	5.0	1.7	0.11	0.072	12.2	0.20					
4	S-4	4.8	0.93	4.8	1.7	0.11	0.085	18.1	0.86					
5	S-5	4.7	0.87	4.7	1.6	0.12	0.079	15.1	0.96					
Critical level				2.0	0.5	0.12		10						

(Fonte: s no : blri-apd/s:/3/2013/105

Departamento de Ciência do Solo, Joydebpur, Gazipur

Instituto de Investigação Agrícola do Bangladesh)

Printed by Books on Demand GmbH, Norderstedt / Germany